U1075483

住房和城乡建设部标准定额研究所　建设工程造价技术资料

市政工程消耗量

ZYA 1-31-2021

第三册　桥涵工程

SHIZHENG GONGCHENG XIAOHAOLIANG
DI-SAN CE QIAOHAN GONGCHENG

中国计划出版社
北　京

版权所有 侵权必究
本书环衬使用中国计划出版社专用防伪纸，封面贴有中国计划出版社
专用防伪标，否则为盗版书。请读者注意鉴别、监督！
侵权举报电话：(010)63906404
如有印装质量问题，请寄本社出版部调换(010)63906420

图书在版编目（CIP）数据

市政工程消耗量 ： ZYA1-31-2021. 第三册，桥涵工程 / 住房和城乡建设部标准定额研究所组织编制. -- 北京 ： 中国计划出版社，2022.2
ISBN 978-7-5182-1387-0

Ⅰ. ①市… Ⅱ. ①住… Ⅲ. ①市政工程－消耗定额－中国②桥涵工程－消耗定额－中国 Ⅳ. ①TU723.34 ②U44

中国版本图书馆CIP数据核字(2021)第250874号

责任编辑：沈 建　　封面设计：韩可斌
责任校对：杨奇志 谭佳艺　　责任印制：李 晨 赵文斌

中国计划出版社出版发行
网址：www.jhpress.com
地址：北京市西城区木樨地北里甲11号国宏大厦C座3层
邮政编码：100038 电话：(010)63906433(发行部)
北京市科星印刷有限责任公司印刷

880mm×1230mm 1/16 12.75印张 378千字
2022年2月第1版 2022年2月第1次印刷

定价：89.00元

前　言

工程造价是工程建设管理的重要内容。以人工、材料、机械消耗量分析为基础进行工程计价，是确定和控制工程造价的重要手段之一，也是基于成本的通用计价方法。长期以来，我国建立了以施工阶段为重点，涵盖房屋建筑、市政工程、轨道交通工程等各个专业的计价体系，为确定和控制工程造价、提高我国工程建设的投资效益发挥了重要作用。

随着我国工程建设技术的发展，新的工程技术、工艺、材料和设备不断涌现和应用，落后的工艺、材料、设备和施工组织方式不断被淘汰，工程建设中的人材机消耗量也随之发生变化。2020 年我部办公厅发布《工程造价改革工作方案》（建办标〔2020〕38 号），要求加快转变政府职能，优化概算定额、估算指标编制发布和动态管理，取消最高投标限价按定额计价的规定，逐步停止发布预算定额。为做好改革期间的过渡衔接，在住房和城乡建设部标准定额司的指导下，我所根据工程造价改革的精神，协调 2015 年版《房屋建筑与装饰工程消耗量定额》《市政工程消耗量定额》《通用安装工程消耗量定额》的部分主编单位、参编单位以及全国有关造价管理机构和专家，按照简明适用、动态调整的原则，对上述专业的消耗量定额进行了修订，形成了新的《房屋建筑与装饰工程消耗量》《市政工程消耗量》《通用安装工程消耗量》，由我所以技术资料形式印刷出版，供社会参考使用。

本次经过修订的各专业消耗量，是完成一定计量单位的分部分项工程人工、材料和机械用量，是一段时间内工程建设生产效率社会平均水平的反映。因每个工程项目情况不同，其设计方案、施工队伍、实际的市场信息、招投标竞争程度等内外条件各不相同，工程造价应当在本地区、企业实际人材机消耗量和市场价格的基础上，结合竞争规则、竞争激烈程度等参考选用与合理调整，不应机械地套用。使用本书消耗量造成的任何造价偏差由当事人自行负责。

本次修订中，各主编单位、参编单位、编制人员和审查人员付出了大量心血，在此一并表示感谢。由于水平所限，本书难免有所疏漏，执行中遇到的问题和反馈意见请及时联系主编单位。

住房和城乡建设部标准定额研究所

2021 年 11 月

总 说 明

一、《市政工程消耗量》（以下简称本消耗量），共分十一册，包括：

第一册　土石方工程

第二册　道路工程

第三册　桥涵工程

第四册　隧道工程

第五册　市政管网工程

第六册　水处理工程

第七册　生活垃圾处理工程

第八册　路灯工程

第九册　钢筋工程

第十册　拆除工程

第十一册　措施项目

二、本消耗量适用于城镇范围内的新建、扩建和改建市政工程。

三、本消耗量以国家和有关部门发布的国家现行设计规范、施工验收规范、技术操作规程、质量评定标准、产品标准和安全操作规程，现行工程量清单计价规范、计算规范和有关指标为依据编制，并参考了有关地区和行业标准、指标，以及典型工程设计、施工和其他资料。

四、本消耗量按正常施工工期和施工条件，考虑企业常规的施工工艺，合理的施工组织设计进行编制。

1. 设备、材料、成品、半成品、构配件完整无损，符合质量标准和设计要求，附有合格证书和试验记录。

2. 正常的气候、地理条件和施工环境。

五、本消耗量未包括的项目，可按其他相应工程消耗量计算，如仍有缺项的，应编制补充消耗量。

六、关于人工：

1. 本消耗量中的人工以合计工日表示，并分别列出普工、一般技工和高级技工的工日用量。

2. 本消耗量中的人工包括基本用工、超运距用工、辅助用工和人工幅度差。

3. 本消耗量中的人工每工日按 8 小时工作制计算。

4. 机械土石方、桩基础、构件运输及安装等工程，人工随机械产量计算的，人工幅度差按机械幅度差计算。

七、关于材料：

1. 本消耗量中的材料（包括构配件、零件、半成品、成品）均为符合国家质量标准和相应设计要求的合格产品。

2. 本消耗量中的材料包括施工中消耗的主要材料、辅助材料、周转材料和其他材料。

3. 本消耗量中的材料用量包括净用量和损耗量。损耗量包括：从工地仓库、现场集中堆放地点（或现场加工地点）至操作（或安装）地点的施工场内运输损耗、施工操作损耗、施工现场堆放损耗等，规范（设计文件）规定的预留量、搭接量不在损耗率中考虑。

4. 本消耗量中的混凝土、沥青混凝土、砌筑砂浆、抹灰砂浆及各种胶泥等均按半成品用量以体积（m^3）表示，混凝土按运至施工现场的预拌混凝土编制，砂浆按预拌砂浆编制，消耗量中的混凝土均按自然养护考虑。

5. 本消耗量中所使用的混凝土均按预拌混凝土编制，若实际采用现场搅拌混凝土浇捣时，人工、材料、机械具体调整如下：

（1）合计工日增加 4.125 工日 /$10m^3$，其中普工增加 1.237 工日 /$10m^3$，一般技工增加 2.888 工日 /$10m^3$。

（2）水增加 0.38m^3/10m^3。

（3）双锥反转出料混凝土搅拌机（500L）增加 0.3 台班/10m^3。

6. 本消耗量中所使用的砂浆均按干混预拌砂浆编制，若实际使用现拌砂浆或湿拌预拌砂浆时，按以下方法调整：

（1）使用现拌砂浆的，除将干混预拌砂浆调换为现拌砂浆外，砌筑项目按每立方米砂浆增加：一般技工 0.382 工日、200L 灰浆搅拌机 0.167 台班，同时，扣除原干混砂浆罐式搅拌机台班；其余项目按每立方米砂浆增加一般技工 0.382 工日，同时，将原干混砂浆罐式搅拌机调换为 200L 灰浆搅拌机，台班含量不变。

（2）使用湿拌预拌砂浆的，除将干混预拌砂浆调换为湿拌预拌砂浆外，另按相应项目中每立方米砂浆扣除人工 0.20 工日，并扣除干混砂浆罐式搅拌机台班数量。

7. 本消耗量中的周转性材料按不同施工方法，不同类别、材质，计算出一次摊销量进入消耗量。

8. 本消耗量中的用量少、低值易耗的零星材料，列为其他材料。

八、关于机械：

1. 本消耗量中的机械按常用机械、合理机械配备和施工企业的机械化装备程度，并结合工程实际综合确定。

2. 本消耗量的机械台班用量是按正常机械施工工效并考虑机械幅度差综合取定的。

3. 凡单位价值 2 000 元以内、使用年限在一年以内的不构成固定资产的施工机械，不列入机械台班消耗量，作为工具用具在建筑安装工程费中的企业管理费考虑，其消耗的燃料动力等列入材料。

九、本消耗量中的工作内容已说明了主要的施工工序，次要工序虽未说明，但已包括在内。

十、施工与生产同时进行、在有害身体健康的环境中施工时的降效增加费，本消耗量未考虑，发生时另行计算。

十一、本消耗量适用于海拔 2 000m 以下地区，超过上述情况时，可以采用由各地区、部门结合高原地区的特殊情况自行制定的调整办法。

十二、本消耗量中注有“××以内”或“××以下”及“小于”者，均包括××本身；注有“××以外”或“××以上”及“大于”者，则不包括××本身。

说明中未注明（或省略）尺寸单位的宽度、厚度、断面等，均以“mm”为单位。

十三、凡本说明未尽事宜，详见各册、各章说明和附录。

册　说　明

一、第三册《桥涵工程》(以下简称本册),包括桩基、基坑与边坡支护、现浇混凝土构件、预制混凝土构件、砌筑、立交箱涵、钢结构和其他,共八章。

二、本册适用于全国城乡范围内新建、改建和扩建的桥梁工程,单跨5m以内的各种板涵、拱涵、立交箱涵工程(圆管涵执行第五册《市政管网工程》相关项目,其中管道铺设及基础项目人工、机械费乘以系数1.25)。

三、本册编制依据:

1.《市政工程工程量计算规范》GB 50857—2013;

2.《市政工程消耗量定额》ZYA 1-31-2015;

3.《建设工程劳动定额　市政工程》LD/T 99.1—2008;

4. 相关省、市、行业现行的市政预算定额及基础资料;

5. 现行的设计规范、施工验收规范、操作规程及标准图集。

四、本册预制混凝土构件中预制均为现场预制,不适用于商品构配件厂所生产的构配件,采用商品构配件编制造价时,按构配件到达工地的价格计算。

五、本册中混凝土均采用预拌混凝土,预拌混凝土是指在混凝土厂集中搅拌,用混凝土罐车运输到施工现场并入模的混凝土。现浇混凝土项目中不含混凝土输送和泵管安拆使用。

六、本册中提升高度按原地面标高至梁底标高8m为界,若超过8m,超过部分可另行计算超高费。

1. 现浇混凝土项目按提升高度不同将全桥划分为若干段,以超高段承台顶面以上混凝土(不含泵送混凝土)、模板的工程量,按下表调整相应项目中人工、起重机械台班的消耗量,分段计算:

消耗量系数表

项目	现浇混凝土、陆上安装梁	
	人工	起重机械
提升高度 H(m)	消耗量系数	消耗量系数
$H \leqslant 15$	1.10	1.25
$H \leqslant 22$	1.25	1.60
$H>22$	1.50	2.00

2. 陆上安装梁按上表调整相应项目中的人工及起重机械台班的消耗量,分段计算。

七、本册中河道水深取定为3m,若水深超过3m时,超过部分增加费用由各地区、部门自行制定调整 办法。

八、本册中均未包括各类操作脚手架,发生时,执行第十一册《 措施项目》相关项目。

九、本册说明未尽事宜,详见各章节说明。

目　　录

第六章　立交箱涵

第七章　钢结构

第八章　其他

第一章　桩　　基

说　　明

一、本章内容包括搭拆桩基础工作平台，组装拆卸船排，组装拆卸柴油打桩机，钢筋混凝土方桩，钢筋混凝土管桩，钢筋混凝土板桩，钢管桩，接桩、截（凿）桩头，埋设钢护筒，旋挖钻机钻孔，回旋钻机钻孔，冲击式钻机钻孔，卷扬机带冲抓锥冲孔，沉管灌注混凝土桩，泥浆池及泥浆制作、泥浆处理，灌注桩混凝土，注浆管埋设及灌注桩后注浆，静钻根植桩，声测管等项目。

二、本章适用于陆地上桩基工程，所列打桩机械的规格、型号按常规施工工艺和方法综合取定，施工场地的土质级别也进行了综合取定。

三、桩基施工前场地平整、压实地表、地下障碍处理等，消耗量均未考虑，发生时另行计算。

四、探桩位已综合考虑在各类桩基消耗量内，不另行计算。

五、组装、拆卸船排项目未包括压舱费用。压舱材料取定为大石块，并按船排总吨位的30%计取（包括装、卸在内150m的二次运输费）。

六、打桩工作平台根据相应的打桩项目打桩机的锤重进行选择。钻孔灌注桩工作平台按孔径小于或等于1 000mm套用锤重小于或等于2 500kg打桩工作平台，大于1 000mm套用锤重小于或等于5 000kg打桩工作平台。

七、搭拆水上工作平台项目已综合考虑了组装、拆卸船排及组装、拆卸打拔桩机工作内容，不得重复计算。

八、单位工程的桩基工程量少于下表对应数量时，相应项目人工、机械乘以系数1.25。灌注桩单位工程的桩基工程量指灌注混凝土量。

单位工程的桩基工程量表

项目	单位工程的工程量	项目	单位工程的工程量
预制钢筋混凝土方桩	$200m^3$	回旋、旋挖成孔灌注桩	$150m^3$
预应力钢筋混凝土管桩	1 000m	冲击、冲抓、沉管成孔灌注桩	$100m^3$
预制钢筋混凝土板桩	$100m^3$	钢管桩	50t

九、预制桩：

1. 单独打试桩、锚桩，按相应项目的打桩人工及机械乘以系数1.50。

2. 预制桩工程按陆地打垂直桩编制。设计要求打斜桩时，斜度小于或等于1∶6时，相应项目人工、机械乘以系数1.25；斜度大于1∶6时，相应项目人工、机械乘以系数1.43。

3. 预制桩工程以平地（坡度≤15°）打桩为准，坡度>15°打桩时，按相应项目人工、机械乘以系数1.15。如在基坑内（基坑深度>1.5m，基坑面积≤$500m^2$）打桩或在地坪上打坑槽内（坑槽深度>1m）桩时，按相应项目人工、机械乘以系数1.11。

4. 在桩间补桩或在强夯后的地基上打桩时，相应项目人工、机械乘以系数1.15。

5. 预制桩工程，如遇送桩时，可按打桩相应项目人工、机械乘以下表中的系数。

送桩深度系数表

送桩深度（m）	系数
≤2	1.25
≤4	1.43
>4	1.67

6. 打、压预制钢筋混凝土桩、预应力钢筋混凝土管桩，消耗量按购入成品构件考虑，已包含桩位半径在 15m 范围内的移动、起吊、就位；超过 15m 时的场内运输，按本册“第四章 预制混凝土构件 七、构件运输” 1km 以内的相应项目计算。

7. 本章内未包括预应力钢筋混凝土管桩钢桩尖制作、安装项目，实际发生时按第九册《钢筋工程》中的预埋铁件项目执行。

8. 预应力钢筋混凝土管桩，如设计要求加注填充材料时，填充部分另按本章钢管桩填芯相应项目执行。

十、静钻根植桩消耗量未包括管桩填芯、渣土层泥浆外运等内容，管桩填芯可套用钢管桩填芯相应子目；成孔消耗量按砂土层编制，如果设计要求穿越碎、卵石层时，按成孔消耗量子目人工、机械乘以系数 1.50；注浆消耗量已考虑充盈系数和材料损耗，一般不予调整。桩端水灰比采用 0.6 : 1，桩周水灰比采用 1 : 1，实际配比不同时可调整消耗量。消耗量中未包括注浆管，可套用相应子目另行计算。

十一、沉管混凝土灌注桩：

1. 在原位打扩大桩时，人工乘以系数 0.85，机具乘以系数 0.50。

2. 沉管混凝土灌注桩至地面部分（包括地下室）采用砂石代替混凝土时，材料可按实计算。

3. 在支架上打桩，人工、机具乘以系数 1.25。

4. 活页桩尖铁件摊销按每立方米混凝土 1.5kg 计算。

十二、打桩机械场外运输费可另行计算。

十三、本章项目钻孔的土质分类按现行国家标准《岩土勘察规范》GB 50021—2001（2009 年版）和《工程岩体分级标准》GB/T 50218—2014 划分。

十四、成孔项目按孔径、深度和土质划分项目，若超过定额使用范围时，应另行计算。

十五、桩钢护筒的工程量按护筒的设计质量计算。设计质量为加工后的成品质量，包括加劲肋及连接件质量等全部钢材质量。当设计未能提供质量时，可参考下表进行计算，桩径不同时可按内插法计算。

质量表

桩径（mm）	800	1 000	1 200	1 500	2 000
每米护筒质量（kg/m）	155.06	184.87	285.93	345.09	554.60

十六、旋挖桩、回旋桩、冲击桩、冲抓桩等子目已包含成孔前用于定位及防塌孔的 2m 钢护筒埋设及拆除，如设计另有明确钢护筒高度时，只计算超出 2m 的部分。超出部分套用“钢护筒埋设、拆除”子目。当遇到不利地质条件（如流砂、溶洞等）需要埋设钢护筒并无法拆除时，套用“钢护筒埋设不拆除”子目。本章钢护筒子目适用于采用泥浆护壁施工法的钻孔灌注桩。

十七、旋挖桩、回旋桩、冲击桩、冲抓桩等灌注桩按泥浆护壁作业成孔考虑，如采用干作业成孔工艺时，则扣除项目材料中的黏土、水和机械中的泥浆泵。

十八、灌注桩混凝土均按水下混凝土导管倾注考虑，采用非水下混凝土时混凝土材料可抽换。项目已包括设备（如导管等）摊销，混凝土用量中均已包括了充盈系数和材料损耗（见下表），由各地区、部门自行制定充盈系数调整办法。

灌注桩充盈系数和材料损耗率表

项目名称	充盈系数	损耗率（%）
回旋（旋挖）钻孔	1.20	1
冲击钻孔	1.25	1
冲抓钻孔	1.30	1

十九、泥浆制作按普通泥浆考虑，若需采用膨润土，由各地区、部门自行制定调整办法。

二十、泥浆运输按即挖即运考虑。桩施工产生的渣土和经过固化后的泥浆按一般土方运输考虑计算，其中泥浆固化后的外运工程量按固化前泥浆工程量的 40% 计算。

工程量计算规则

一、搭拆打桩工作平台面积计算（见下图）：

1. 桥梁打桩：　$F=N_1F_1+N_2F_2$

每座桥台（桥墩）：　$F_1=(5.5+A+2.5)\times(6.5+D)$

每条通道：　$F_2=6.5\times[L-(6.5+D)]$

2. 钻孔灌注桩：　$F=N_1F_1+N_2F_2$

每座桥台（桥墩）：　$F_1=(A+6.5)\times(6.5+D)$

每条通道：　$F_2=6.5\times[L-(6.5+D)]$

式中：F——工作平台总面积；

F_1——每座桥台（桥墩）工作平台面积；

F_2——桥台至桥墩间或桥墩至桥墩间通道工作平台面积；

N_1——桥台和桥墩总数量；

N_2——通道总数量；

D——两排桩之间距离（m）；

L——桥梁跨径或护岸的第一根桩中心至最后一根桩中心之间的距离（m）；

A——桥台（桥墩）每排桩的第一根桩中心至最后一根桩中心之间的距离（m）。

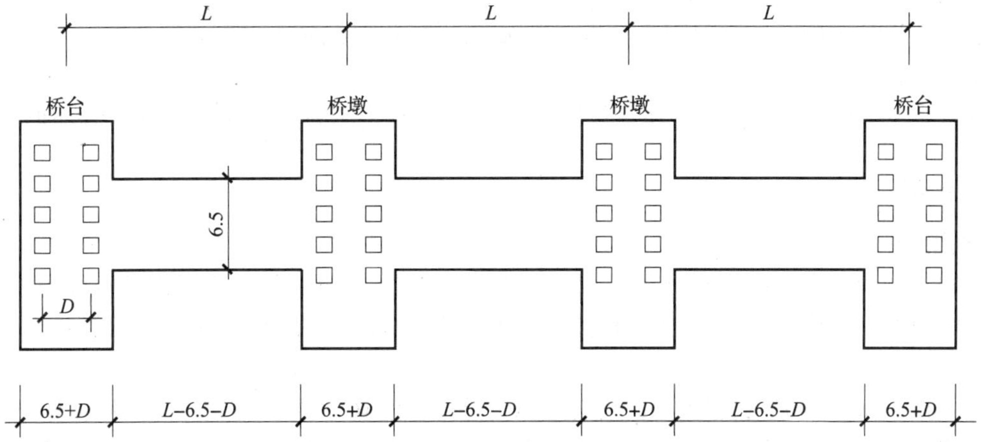

工作平台面积计算示意图（单位：m）

二、预制桩：

1. 预制钢筋混凝土桩：打、压预制钢筋混凝土桩按设计桩长（包括桩尖）乘以桩截面积以体积计算。

2. 预应力钢筋混凝土管桩：

（1）打、压预应力钢筋混凝土管桩按设计桩长（不包括桩尖）以长度计算。

（2）预应力钢筋混凝土管桩钢桩尖按设计图示尺寸以质量计算。

（3）桩头灌芯按设计尺寸以灌注体积计算。

3. 钢管桩：

（1）钢管桩按设计要求的桩体质量计算。

（2）钢管桩内切割、精割盖帽按设计要求的数量计算。

（3）钢管桩管内钻孔取土、填芯，按设计桩长（包括桩尖）乘以填芯截面积以体积计算。

4. 打桩工程的送桩均按设计桩顶标高至打桩前的自然地坪标高另加 0.5m 计算相应的送桩工程量。

5. 预制混凝土桩、钢管桩电焊接桩，按设计要求接桩头的数量计算。

6. 预制混凝土桩截桩按设计要求截桩的数量计算。截桩长度小于或等于 1m 时，不扣减相应桩的打桩工程量；截桩长度大于 1m 时，其超过部分按实扣减打桩工程量，但桩体的价格不扣除。

7. 预制混凝土桩凿桩头按设计图示桩截面积乘以凿桩头长度以体积计算。凿桩头长度设计无规定时，桩头长度按桩体高 $40d$（d 为桩体主筋直径，主筋直径不同时取大者）计算；旋挖桩、回旋桩、冲击桩、冲抓桩等灌注混凝土桩凿桩头按设计超灌高度（设计有规定时按设计要求，设计无规定时按 1m）乘以桩身设计截面积以体积计算；沉管灌注混凝土桩凿桩头按设计超灌高度（设计有规定时按设计要求，设计无规定时按 0.5m）乘以桩身设计截面积以体积计算。

8. 桩头钢筋整理，按所整理的桩的数量计算。

三、灌注桩：

1. 旋挖钻机钻孔、回旋钻机钻孔、冲击式钻机钻孔、卷扬机带冲抓锥冲孔的成孔工程量按设计入土深度乘以桩截面面积以体积计算。项目的孔深指原地面（水上指工作平台顶面）至设计桩底的深度。

2. 旋挖桩、回旋桩、冲击桩、冲抓桩灌注混凝土工程量按设计桩径截面积乘以设计桩长（包括桩尖）另加加灌长度以体积计算。回旋桩、旋挖桩、冲击桩、冲抓桩加灌长度，设计有规定者，按设计要求计算，无规定者，按 1m 计算。

3. 沉管灌注混凝土桩、夯扩桩按钢管外径截面积乘以设计桩长（不包括预制桩尖）另加加灌长度以体积计算。加灌长度，设计有规定者，按设计要求计算，设计无规定者，按 0.5m 计算。

4. 泥浆制作工程量由各地区、部门自行制定调整办法。

5. 泥浆池建造和拆除、泥浆运输工程量，按成孔工程量以体积计算。

6. 泥浆固化按实际需要固化处理的泥浆工程量以体积计算。

7. 人工挖孔工程量按护壁外缘包围的面积乘以深度计算，现浇混凝土护壁和灌注桩混凝土按设计图示尺寸以体积计算。

8. 灌注桩后注浆工程量计算按设计注浆量计算，注浆管管材费用另计，但利用声测管注浆时不得重复计算。

9. 声测管工程量按设计数量计算。

四、静钻根植桩：

1. 成孔工程量按成孔深度乘以成孔截面积以体积计算；成孔深度为原地面至设计桩底的长度，设计桩径是指预应力混凝土竹节桩外径，成孔直径为设计桩径加 10cm。设计扩底高度和设计扩底直径按设计图纸计算。

$$\text{成孔工程量}=1/4\times\pi\times[(\text{成孔深度}-\text{扩底高度})\times(\text{设计桩径}+0.1)^2+\text{扩底高度}\times(\text{扩底直径})^2]$$

2. 注浆工程量由扩底以上部分（桩周）和扩底部分（桩端）组成，其中：

$$\text{扩底以上部分（桩周）工程量}=1/4\times\pi\times(\text{设计桩长}-\text{扩底高度})\times(\text{设计桩径}+0.1)^2\times0.3$$

$$\text{扩底部分（桩端）工程量}=1/4\times\pi\times\text{扩底高度}\times(\text{扩底直径})^2$$

3. 植桩工程量按设计桩长计算。

4. 送桩工程量按设计桩顶标高至原地面标高另加 0.5m，以长度计算。

五、台与墩或墩与墩之间不能连续施工时（如不能断航、断交通或拆迁工作不能配合），每个墩、台可计一次组装、拆卸柴油打桩架及设备运输费。

六、组装拆卸船排的工程量按两艘船只拼搭、捆绑，按次数计算。

一、搭拆桩基础工作平台

工作内容：平整场地，铺碎石，碾压等。　　　　**计量单位：**100m²

编　号				3-1-1	3-1-2	3-1-3
项　目				陆上工作平台		
				锤重（kg 以内）		
				2 500	5 000	8 000
名　称			单位	消　耗　量		
人工	合计工日		工日	6.784	7.518	8.251
	其中	普工	工日	2.035	2.255	2.475
		一般技工	工日	4.070	4.511	4.951
		高级技工	工日	0.679	0.752	0.825
材料	碎石（综合）		t	15.510	23.270	31.020
机械	轮胎压路机 9t		台班	0.028	0.028	0.028
	履带式推土机 90kW		台班	0.243	0.366	0.488

工作内容：竖、拆桩架；制桩，打桩；装、拆桩箍；装钉支柱，盖木，斜撑，搁梁及铺板；拆除脚手板及拔桩；搬运材料，整理，堆放；组装，拆卸船排等。 **计量单位：**$100m^2$

编号				3-1-4	3-1-5	3-1-6	3-1-7	3-1-8
项目				水上工作平台				
				锤重（kg 以内）				
				600	1 200	1 800	2 500	4 000
名称			单位	消耗量				
人工	合计工日		工日	67.030	77.036	99.406	124.369	185.100
	其中	普工	工日	20.109	23.111	29.822	37.311	55.530
		一般技工	工日	40.218	46.222	59.643	74.621	111.060
		高级技工	工日	6.703	7.703	9.941	12.437	18.510
材料	圆木桩		m^3	1.008	1.302	1.751	2.493	3.827
	板枋材		m^3	0.832	0.901	0.993	1.124	1.316
	型钢（综合）		kg	56.000	64.000	75.000	89.000	111.000
	六角螺栓		kg	8.500	10.970	16.210	25.140	38.590
	圆钉		kg	0.010	0.010	0.010	0.010	0.010
	铁件（综合）		kg	17.400	20.830	28.690	40.950	62.630
	铁丝 ϕ4.0~2.8		kg	0.240	0.240	0.240	0.240	0.240
机械	轨道式柴油打桩机 0.6t		台班	1.535	1.925	2.520	3.513	5.297
	电动双筒快速卷扬机 50kN		台班	2.335	2.919	3.830	5.317	7.997
	履带式起重机 15t		台班	1.926	1.926	2.399	2.399	3.425
	铁驳船 装载质量 50t		台班	15.053	18.601	24.084	33.116	49.405

二、组装拆卸船排

工作内容：选料；捆绑船排；就位；拆除，整理，堆放等。　　　　**计量单位：**次

编号				3-1-9	3-1-10	3-1-11	3-1-12	3-1-13
项目				船排（t）				
				30×2	50×2	80×2	100×2	120×2
名称			单位	消耗量				
人工	合计工日		工日	11.486	12.842	17.714	19.314	34.133
	其中	普工	工日	3.446	3.852	5.314	5.794	10.240
		一般技工	工日	6.892	7.706	10.628	11.589	20.480
		高级技工	工日	1.148	1.284	1.772	1.931	3.413
材料	板枋材		m^3	0.213	0.352	0.708	1.030	1.075
	铁丝　ϕ4.0~2.8		kg	24.370	28.230	41.020	46.010	47.630
	扒钉		kg	6.890	6.890	9.180	9.180	9.180
	钢丝绳		kg	7.990	20.820	30.260	33.910	35.110
	其他材料费		%	1.00	1.00	1.00	1.00	1.00
机械	铁驳船　装载质量　30t		台班	3.512	—	—	—	—
	铁驳船　装载质量　50t		台班	—	3.471	—	—	—
	铁驳船　装载质量　80t		台班	—	—	6.192	—	—
	铁驳船　装载质量　100t		台班	—	—	—	7.895	—
	铁驳船　装载质量　120t		台班	—	—	—	—	13.790

三、组装拆卸柴油打桩机

工作内容：组装，就位，拆除等。 **计量单位：**架次

编号				3-1-14	3-1-15	3-1-16	3-1-17	3-1-18
项目				轨道式柴油打桩机				
				锤重（kg 以内）				
				600	1 200	1 800	2 500	4 000
名称			单位	消耗量				
人工	合计工日		工日	8.902	12.866	16.321	21.442	34.310
	其中	普工	工日	2.671	3.860	4.896	6.433	10.293
		一般技工	工日	5.341	7.719	9.793	12.865	20.586
		高级技工	工日	0.890	1.287	1.632	2.144	3.431
机械	轨道式柴油打桩机 0.6t		台班	0.444	—	—	—	—
	轨道式柴油打桩机 1.2t		台班	—	0.444	—	—	—
	轨道式柴油打桩机 1.8t		台班	—	—	0.444	—	—
	轨道式柴油打桩机 2.5t		台班	—	—	—	0.444	—
	轨道式柴油打桩机 4t		台班	—	—	—	—	0.444
	汽车式起重机 8t		台班	3.538	3.538	—	—	—
	汽车式起重机 12t		台班	—	—	3.538	—	—
	汽车式起重机 16t		台班	—	—	—	3.538	—
	汽车式起重机 20t		台班	—	—	—	—	3.538

工作内容：组装，就位，拆除等。　　**计量单位：**架次

编号				3-1-19	3-1-20	3-1-21	3-1-22
项目				履带式柴油打桩机			
				锤重（kg 以内）			
				2 500	5 000	7 000	8 000
名称			单位	消耗量			
人工	合计工日		工日	14.361	17.551	19.306	21.236
	其中	普工	工日	4.308	5.265	5.792	6.371
		一般技工	工日	8.617	10.531	11.584	12.742
		高级技工	工日	1.436	1.755	1.930	2.123
机械	履带式柴油打桩机 2.5t		台班	0.444	—	—	—
	履带式柴油打桩机 5t		台班	—	0.444	—	—
	履带式柴油打桩机 7t		台班	—	—	0.444	—
	履带式柴油打桩机 8t		台班	—	—	—	0.444
	汽车式起重机 16t		台班	3.538	3.538	—	—
	汽车式起重机 20t		台班	—	—	3.538	3.538

四、钢筋混凝土方桩

工作内容：准备打桩机具，探桩位，行走打桩机，吊装定位，安卸桩垫、桩帽，校正，打桩。　　**计量单位：**$10m^3$

编号				3-1-23	3-1-24	3-1-25	3-1-26
项目				打预制钢筋混凝土方桩（桩长 m）			
				12 以内	25 以内	45 以内	45 以外
名称			单位	消耗量			
人工	合计工日		工日	4.748	3.936	3.374	2.936
	其中	普工	工日	1.424	1.180	1.013	0.880
		一般技工	工日	2.849	2.362	2.024	1.762
		高级技工	工日	0.475	0.394	0.337	0.294
材料	预制钢筋混凝土方桩		m^3	（10.100）	（10.100）	（10.100）	（10.100）
	其他材料费		%	0.50	0.50	0.50	0.50
机械	履带式柴油打桩机 2.5t		台班	0.760	—	—	—
	履带式柴油打桩机 5t		台班	—	0.630	0.540	—
	履带式柴油打桩机 7t		台班	—	—	—	0.470
	履带式起重机 25t		台班	0.460	0.380	0.320	0.280

工作内容：准备压桩机具，探桩位，行走压桩机，吊装定位，安卸桩垫、桩帽，校正，压桩。 **计量单位**：$10m^3$

编号				3-1-27	3-1-28	3-1-29	3-1-30
项目				压预制钢筋混凝土方桩（桩长 m）			
				12 以内	25 以内	45 以内	45 以外
名称			单位	消耗量			
人工	合计工日		工日	3.186	2.499	1.999	1.749
	其中	普工	工日	0.955	0.750	0.600	0.525
		一般技工	工日	1.912	1.499	1.199	1.049
		高级技工	工日	0.319	0.250	0.200	0.175
材料	预制钢筋混凝土方桩		m^3	(10.100)	(10.100)	(10.100)	(10.100)
	其他材料费		%	0.50	0.50	0.50	0.50
机械	静力压桩机 900kN		台班	0.510	—	—	—
	静力压桩机 2 000kN		台班	—	0.400	—	—
	静力压桩机 3 000kN		台班	—	—	0.320	—
	静力压桩机 4 000kN		台班	—	—	—	0.280
	履带式起重机 25t		台班	0.300	0.240	0.190	0.170

五、钢筋混凝土管桩

工作内容：准备打桩机具，探桩位，行走打桩机，吊装定位，安卸桩垫、桩帽，校正，打桩。 **计量单位**：100m

编号				3-1-31	3-1-32	3-1-33	3-1-34
项目				打预应力钢筋混凝土管桩（桩径 mm）			
				400 以内	500 以内	600 以内	600 以外
名称			单位	消耗量			
人工	合计工日		工日	4.498	4.954	5.089	5.307
	其中	普工	工日	1.349	1.487	1.527	1.592
		一般技工	工日	2.699	2.972	3.053	3.184
		高级技工	工日	0.450	0.495	0.509	0.531
材料	预应力钢筋混凝土管桩		m	(101.000)	(101.000)	(101.000)	(101.000)
	其他材料费		%	0.50	0.50	0.50	0.50
机械	履带式柴油打桩机 2.5t		台班	0.750	—	—	—
	履带式柴油打桩机 5t		台班	—	0.826	—	—
	履带式柴油打桩机 7t		台班	—	—	0.848	0.885
	履带式起重机 25t		台班	0.469	0.516	0.530	0.553

工作内容：准备压桩机具，探桩位，行走打桩机，吊装定位，安卸桩垫、桩帽，校正，打桩。

计量单位：100m

编　号				3-1-35	3-1-36	3-1-37	3-1-38
项　目				压预应力钢筋混凝土管桩（桩径 mm）			
				400 以内	500 以内	600 以内	600 以外
名　称			单位	消　耗　量			
人工	合计工日		工日	3.598	3.963	4.071	4.943
	其中	普工	工日	1.079	1.189	1.221	1.483
		一般技工	工日	2.159	2.378	2.443	2.966
		高级技工	工日	0.360	0.396	0.407	0.494
材料	预应力钢筋混凝土管桩		m	（101.000）	（101.000）	（101.000）	（101.000）
	其他材料费		%	0.50	0.50	0.50	0.50
机械	静力压桩机 2 000kN		台班	0.792	0.872	—	—
	静力压桩机 3 000kN		台班	—	—	0.896	—
	静力压桩机 4 000kN		台班	—	—	—	1.088
	履带式起重机 25t		台班	0.472	0.520	0.536	0.656

六、钢筋混凝土板桩

工作内容：准备打桩机具，移动打桩机及其轨道，吊装就位，安卸桩帽，测量，校正，打桩。　**计量单位：**10m³

编号				3-1-39	3-1-40	3-1-41	3-1-42
项目				打预制钢筋混凝土板桩（单桩体积 m³）			
				1 以内	1.5 以内	2.5 以内	2.5 以外
名称			单位	消耗量			
人工	合计工日		工日	6.787	5.628	4.296	3.773
	其中	普工	工日	2.036	1.688	1.288	1.132
		一般技工	工日	4.072	3.377	2.578	2.264
材料	钢筋混凝土板桩		m³	（10.100）	（10.100）	（10.100）	（10.100）
	垫木		m³	0.014	0.014	0.014	0.014
	金属周转材料		kg	1.960	1.960	1.960	1.960
	电		kW·h	206.397	171.171	147.773	129.785
	人工费		元	131.11	108.72	83.03	72.80
	其他材料费		%	0.50	0.50	0.50	0.50
机械	轨道式柴油打桩机 3.5t		台班	1.207	1.001	—	—
	轨道式柴油打桩机 4t		台班	—	—	0.764	0.671
	履带式起重机 10t		台班	1.207	—	—	—
	履带式起重机 15t		台班	—	—	0.764	0.671

七、钢 管 桩

工作内容:准备打桩机具,移动打桩机,吊装定位,安卸桩帽,校正,打桩。 **计量单位:**10t

编 号				3-1-43	3-1-44	3-1-45	3-1-46	3-1-47	3-1-48
项 目				打钢管桩(桩径 mm)				打钢管桩(桩径 mm)	
				≤ 450		≤ 650		≤ 1 000	
				桩长(m)					
				30 以内	30 以外	30 以内	30 以外	30 以内	30 以外
名 称			单位	消 耗 量					
人工	合计工日		工日	10.858	8.047	7.697	6.035	5.623	4.186
	其中	普工	工日	3.257	2.414	2.309	1.810	1.687	1.255
		一般技工	工日	6.515	4.828	4.618	3.621	3.374	2.512
		高级技工	工日	1.086	0.805	0.770	0.604	0.562	0.419
材料	钢管桩		t	(10.100)	(10.100)	(10.100)	(10.100)	(10.100)	(10.100)
	其他材料费		%	0.50	0.50	0.50	0.50	0.50	0.50
机械	履带式柴油打桩机 2.5t		台班	1.738	1.288	—	—	—	—
	履带式柴油打桩机 5t		台班	—	—	1.232	0.966	—	—
	履带式柴油打桩机 8t		台班	—	—	—	—	0.900	0.670
	履带式起重机 25t		台班	1.738	1.288	1.232	0.966	0.900	0.670
	风割机		台班	1.738	1.288	1.232	0.966	0.900	0.670

工作内容:准备机具,测定标高,钢管桩内排水,内切割钢管,截除钢管,就地安放。 **计量单位:**10 根

编 号				3-1-49	3-1-50	3-1-51
项 目				钢管桩内切割(桩径 mm 以内)		
				450	650	1 000
名 称			单位	消 耗 量		
人工	合计工日		工日	4.007	4.441	4.876
	其中	普工	工日	1.202	1.332	1.462
		一般技工	工日	2.404	2.665	2.926
		高级技工	工日	0.401	0.444	0.488
材料	氧气		m^3	31.800	32.500	39.001
	乙炔气		kg	12.231	12.500	15.000
机械	内切割机		台班	0.900	1.000	1.100
	履带式起重机 25t		台班	0.900	1.000	1.100

工作内容：准备机具；测定标高划线，整圆；钢管桩内排水；精割；清泥；除锈；安放及焊接盖帽。

计量单位：10个

编号				3-1-52	3-1-53	3-1-54
项目				钢管桩精割盖帽(桩径 mm 以内)		
				450	650	1 000
名称			单位	消耗量		
人工	合计工日		工日	4.800	6.600	9.656
	其中	普工	工日	1.440	1.980	2.896
		一般技工	工日	2.880	3.960	5.794
		高级技工	工日	0.480	0.660	0.966
材料	钢帽 $\phi400$		个	10.000	—	—
	钢帽 $\phi600$		个	—	10.000	—
	钢帽 $\phi900$		个	—	—	10.000
	焊丝 $\phi3.2$		kg	17.200	25.900	38.600
	焊剂		kg	8.601	12.950	19.300
机械	交流弧焊机 32kV·A		台班	0.800	1.100	1.600
	履带式起重机 25t		台班	0.800	1.100	1.600
	风割机		台班	1.100	1.200	1.300

工作内容：1. 准备钻孔机具，钻机就位，钻孔取土，土方弃土于桩外侧 5m 以内。

2. 冲洗管桩内芯，排水，填芯。

计量单位：10m³

编号				3-1-55	3-1-56	3-1-57	3-1-58
项目				钢管内取土、填芯			
				管内钻孔取土	管内填混凝土	管内填黄砂	管内填碎石
名称			单位	消耗量			
人工	合计工日		工日	5.846	3.987	1.051	1.744
	其中	普工	工日	1.753	1.196	0.315	0.524
		一般技工	工日	3.508	2.392	0.631	1.046
		高级技工	工日	0.585	0.399	0.105	0.174
材料	预拌混凝土 C30		m^3	—	10.100	—	—
	黄砂(过筛中砂)		m^3	—	—	11.333	—
	碎石(综合)		m^3	—	—	—	11.333
	水		m^3	—	3.000	4.000	4.000
机械	螺旋钻机 600mm		台班	0.800	—	—	—
	潜水泵 100mm		台班	—	0.070	0.070	0.070

八、接桩、截（凿）桩头

工作内容：准备接桩工具，对接桩、放置接桩，筒铁，钢板焊制，焊接，安放，拆卸夹箍。 **计量单位：**10 根

编号				3-1-59	3-1-60	3-1-61
项目				预制钢筋混凝土桩接桩		
				包角钢	包钢板	法兰连接
名称			单位	消耗量		
人工	合计工日		工日	6.181	4.809	4.689
	其中	普工	工日	1.854	1.443	1.407
		一般技工	工日	3.709	2.885	2.813
		高级技工	工日	0.618	0.481	0.469
材料	角钢 30×4		kg	80.000	—	—
	钢板（综合）		kg	—	599.000	—
	低合金钢焊条 E4303 ϕ3.2		kg	6.500	20.300	10.400
	镀锌六角螺栓（综合）		kg	—	—	37.400
	石油沥青 30#		kg	—	—	140.000
	其他材料费		%	1.00	1.00	1.00
机械	履带式柴油打桩机 3.5t		台班	0.342	0.306	0.700
	交流弧焊机 40kV·A		台班	1.060	0.830	0.700
	履带式起重机 25t		台班	0.342	0.306	0.700

工作内容：准备工具，磨焊接头，上、下节桩对接，焊接。　　**计量单位：**10 个

编　号				3-1-62	3-1-63	3-1-64
项　目				钢管桩电焊接桩（桩径 mm 以内）		
				450	650	1 000
名　称			单位	消　耗　量		
人工	合计工日		工日	4.089	4.373	4.771
	其中	普工	工日	1.227	1.312	1.431
		一般技工	工日	2.453	2.624	2.863
		高级技工	工日	0.409	0.437	0.477
材料	低合金钢焊条 E4303 ϕ3.2		kg	20.296	30.562	46.728
	其他材料费		%	1.00	1.00	1.00
机械	履带式柴油打桩机 2.5t		台班	0.700	—	—
	履带式柴油打桩机 5t		台班	—	0.700	—
	履带式柴油打桩机 8t		台班	—	—	0.900
	交流弧焊机 32kV·A		台班	0.700	0.700	1.800

工作内容：定位，切割，桩头运至 50m 内堆放。　　**计量单位：**10 根

编　号				3-1-65	3-1-66
项　目				预制钢筋混凝土桩截桩	
				方桩	管桩
名　称			单位	消　耗　量	
人工	合计工日		工日	2.658	2.159
	其中	普工	工日	0.797	0.648
		一般技工	工日	1.595	1.295
		高级技工	工日	0.266	0.216
材料	石料切割锯片		片	10.000	6.750
机械	岩石切割机 3kW		台班	2.120	1.430

工作内容：1. 桩头混凝土凿除，钢筋截断。
2. 桩头钢筋梳理整形。

编　　号				3-1-67	3-1-68	3-1-69
项　　目				凿桩头		桩头钢筋整理
				预制钢筋 混凝土桩	灌注钢筋 混凝土桩	
				10m³		10 根
名　　称			单位	消　耗　量		
人工	合计工日		工日	8.493	7.043	0.467
	其中	普工	工日	2.548	2.113	0.140
		一般技工	工日	5.096	4.226	0.280
		高级技工	工日	0.849	0.704	0.047
机械	电动空气压缩机 1m³/min		台班	5.005	3.575	—
	手持式风动凿岩机		台班	5.005	3.575	—

九、埋设钢护筒

工作内容：钢护筒制作、安装、吊埋就位、拆除。　　　　**计量单位：**t

编　　号				3-1-70	3-1-71
项　　目				钢护筒埋设、拆除	钢护筒埋设不拆除
				陆上	
名　　称			单位	消　耗　量	
人工	合计工日		工日	9.173	9.000
	其中	普工	工日	2.752	2.700
		一般技工	工日	5.504	5.400
		高级技工	工日	0.917	0.900
材料	钢护筒		t	0.025	1.000
	黏土		m³	6.410	6.410
	其他材料费		%	1.50	1.50
机械	汽车式起重机 8t		台班	0.160	—
	汽车式起重机 12t		台班	—	0.160

工作内容：钢护筒制作、安装、吊埋就位。 **计量单位：**t

				3-1-72	3-1-73	3-1-74
编号				3-1-72	3-1-73	3-1-74
项目				水上钢护筒埋设（水深 m 以内）		
				5	10	20
名称			单位	消耗量		
人工	合计工日		工日	7.700	10.699	12.699
	其中	普工	工日	2.310	3.210	3.810
		一般技工	工日	4.620	6.419	7.619
		高级技工	工日	0.770	1.070	1.270
材料	型钢（综合）		kg	0.007	0.007	0.007
	钢板（综合）		kg	0.001	0.001	0.001
	低合金钢焊条 E43 系列		kg	0.200	0.200	0.200
	钢护筒		t	1.000	1.000	1.000
	松杂板枋材		m^3	0.002	0.002	0.002
	其他材料费		%	1.50	1.50	1.50
机械	振动沉拔桩机 300kN		台班	0.260	0.440	0.460
	汽车式起重机 12t		台班	0.050	0.050	0.050
	铁驳船 装载质量 120t		台班	0.800	0.800	0.800
	电动单筒慢速卷扬机 50kN		台班	0.350	0.750	0.800
	电动多级离心清水泵 100mm 120m 以下		台班	—	0.450	—
	电动多级离心清水泵 150mm 180m 以下		台班	—	—	0.470
	交流弧焊机 32kV·A		台班	0.020	0.090	0.110

十、旋挖钻机钻孔

工作内容：护筒埋设及拆除，钻机就位，钻孔、提钻、出渣、渣土清理堆放，造浆、压浆、清孔等。

计量单位：$10m^3$

编号				3-1-75	3-1-76	3-1-77	3-1-78
项目				$\phi \leq 1\,000$	$\phi \leq 1\,200$	$\phi \leq 1\,500$	$\phi \leq 2\,000$
				砂土、黏土、砂砾、砾石、卵石			
名称			单位	消耗量			
人工	合计工日		工日	3.993	4.077	3.080	2.319
	其中	普工	工日	1.198	1.223	0.924	0.696
		一般技工	工日	2.396	2.446	1.848	1.391
		高级技工	工日	0.399	0.408	0.308	0.232
材料	低合金钢焊条 E43 系列		kg	1.040	1.040	1.040	1.040
	钢护筒		t	0.004	0.004	0.004	0.004
	黏土		m^3	0.610	0.510	0.460	0.380
	水		m^3	19.800	19.400	18.500	18.100
机械	交流弧焊机 32kV·A		台班	0.180	0.180	0.100	0.060
	电焊条烘干箱 45×35×45（cm^3）		台班	0.018	0.018	0.010	0.006
	履带式旋挖钻机 1 000mm		台班	0.576	—	—	—
	履带式旋挖钻机 1 500mm		台班	—	0.489	0.377	—
	履带式旋挖钻机 2 000mm		台班	—	—	—	0.320
	履带式单斗液压挖掘机 $1.25m^3$		台班	0.480	0.470	0.340	0.230
	泥浆泵 100mm		台班	0.330	0.220	0.180	0.150

工作内容：护筒埋设及拆除，钻机就位，钻孔、提钻、出渣、渣土清理堆放，造浆、压浆、清孔等。

计量单位：10m³

编号			3-1-79	3-1-80	3-1-81	3-1-82
项目			$\phi \leqslant 1\,000$	$\phi \leqslant 1\,200$	$\phi \leqslant 1\,500$	$\phi \leqslant 2\,000$
			软岩			
名称		单位	消耗量			
人工	合计工日	工日	8.183	7.181	5.677	4.557
其中	普工	工日	2.455	2.154	1.703	1.367
	一般技工	工日	4.910	4.309	3.406	2.734
	高级技工	工日	0.818	0.718	0.568	0.456
材料	钢护筒	t	0.004	0.004	0.003	0.003
	黏土	m^3	0.610	0.570	0.510	0.460
	水	m^3	19.800	19.640	19.400	18.500
机械	履带式旋挖钻机 1 000mm	台班	2.751	—	—	—
	履带式旋挖钻机 1 500mm	台班	—	2.409	1.897	—
	履带式旋挖钻机 2 000mm	台班	—	—	—	1.440

工作内容：护筒埋设及拆除，钻机就位，钻孔、提钻、出渣、渣土清理堆放，造浆、压浆、清孔等。

计量单位：10m³

编号			3-1-83	3-1-84	3-1-85	3-1-86
项目			$\phi \leqslant 1\,000$	$\phi \leqslant 1\,200$	$\phi \leqslant 1\,500$	$\phi \leqslant 2\,000$
			较硬岩			
名称		单位	消耗量			
人工	合计工日	工日	11.689	10.257	8.110	6.509
其中	普工	工日	3.507	3.077	2.433	1.953
	一般技工	工日	7.013	6.154	4.866	3.905
	高级技工	工日	1.169	1.026	0.811	0.651
材料	钢护筒	t	0.004	0.004	0.003	0.003
	黏土	m^3	1.140	1.059	0.938	0.736
	水	m^3	22.080	20.516	18.170	14.260
机械	履带式旋挖钻机 1 000mm	台班	3.930	—	—	—
	履带式旋挖钻机 1 500mm	台班	—	3.442	2.710	—
	履带式旋挖钻机 2 000mm	台班	—	—	—	2.100

十一、回旋钻机钻孔

工作内容：钢护筒埋设及拆除；造浆；准备钻具，钻机就位；钻孔、出渣、提钻、压浆、清孔等。

计量单位：10m³

编号				3-1-87	3-1-88	3-1-89	3-1-90	3-1-91	3-1-92
项目				$\phi \leqslant 1\,000, H \leqslant 40m$					
				砂土、黏土	砂砾	砾石	卵石	软岩	较硬岩
名称			单位	消耗量					
人工	合计工日		工日	7.940	11.737	16.923	19.402	29.248	40.597
	其中	普工	工日	2.382	3.521	5.077	5.821	8.774	12.179
		一般技工	工日	4.764	7.042	10.154	11.641	17.549	24.358
		高级技工	工日	0.794	1.174	1.692	1.940	2.925	4.060
材料	低合金钢焊条 E43 系列		kg	0.191	0.382	0.637	1.146	1.273	1.528
	铁件（综合）		kg	0.127	0.127	0.127	0.127	0.127	0.127
	钻头		kg	0.923	1.031	1.124	1.124	2.277	2.277
	枕木		m³	0.009	0.009	0.009	0.009	0.009	0.009
	钢护筒		t	0.004	0.004	0.004	0.004	0.004	0.004
	黏土		m³	3.320	7.380	7.380	7.380	0.592	1.066
	水		m³	26.000	33.800	33.800	33.800	8.765	15.777
机械	回旋钻机 1 000mm		台班	2.268	3.905	6.282	7.460	12.042	17.268
	交流弧焊机 32kV·A		台班	0.025	0.038	0.064	0.127	0.140	0.166
	电焊条烘干箱 45×35×45（cm³）		台班	0.003	0.005	0.006	0.011	0.014	0.017
	泥浆泵 100mm		台班	0.344	0.344	0.344	0.344	—	—

工作内容：钢护筒埋设及拆除；造浆；准备钻具，钻机就位；钻孔、出渣、提钻、压浆、清孔等。

计量单位：$10m^3$

编号			3-1-93	3-1-94	3-1-95	3-1-96	3-1-97	3-1-98
项目			$\phi \leqslant 1\ 000, H \leqslant 60m$					
			砂土、黏土	砂砾	砾石	卵石	软岩	较硬岩
名称		单位	消耗量					
人工	合计工日	工日	8.187	12.498	18.609	22.438	36.478	50.424
人工	其中 普工	工日	2.456	3.749	5.583	6.731	10.943	15.127
人工	其中 一般技工	工日	4.912	7.499	11.165	13.463	21.887	30.255
人工	其中 高级技工	工日	0.819	1.250	1.861	2.244	3.648	5.042
材料	枕木	m^3	0.009	0.010	0.010	0.010	0.011	0.011
材料	低合金钢焊条 E43 系列	kg	0.199	0.410	0.705	1.339	1.604	1.911
材料	铁件（综合）	kg	0.132	0.138	0.141	0.149	0.160	0.159
材料	钻头	kg	0.959	1.108	1.247	1.314	2.869	3.475
材料	钢护筒	t	0.004	0.004	0.004	0.004	0.004	0.004
材料	黏土	m^3	3.320	7.380	7.380	7.380	0.592	1.066
材料	水	m^3	26.000	33.800	33.800	33.800	8.765	15.777
机械	回旋钻机 1 000mm	台班	2.354	4.193	6.965	8.704	15.172	21.602
机械	交流弧焊机 32kV·A	台班	0.027	0.041	0.070	0.149	0.176	0.208
机械	电焊条烘干箱 $45 \times 35 \times 45(cm^3)$	台班	0.003	0.004	0.006	0.015	0.018	0.022
机械	泥浆泵 100mm	台班	0.344	0.344	0.344	0.344	—	—

工作内容：钢护筒埋设及拆除；造浆；准备钻具，钻机就位；钻孔、出渣、提钻、压浆、清孔等。

计量单位：$10m^3$

编号				3-1-99	3-1-100	3-1-101	3-1-102	3-1-103	3-1-104
项目				$\phi \leqslant 1\,200, H \leqslant 40m$					
				砂土、黏土	砂砾	砾石	卵石	软岩	较硬岩
名称			单位	消耗量					
人工	合计工日		工日	6.297	9.271	13.028	15.116	21.588	30.252
	其中	普工	工日	1.889	2.781	3.908	4.535	6.476	9.076
		一般技工	工日	3.778	5.563	7.817	9.069	12.953	18.151
		高级技工	工日	0.630	0.927	1.303	1.512	2.159	3.025
材料	枕木		m^3	0.009	0.009	0.009	0.009	0.009	0.009
	低合金钢焊条 E43 系列		kg	0.133	0.265	0.442	0.884	0.973	1.149
	铁件（综合）		kg	0.088	0.088	0.088	0.088	0.088	0.088
	钻头		kg	0.769	0.859	0.937	0.937	1.897	2.314
	钢护筒		t	0.004	0.004	0.004	0.004	0.004	0.004
	黏土		m^3	3.180	6.900	6.900	6.900	0.483	0.869
	水		m^3	24.286	31.571	31.571	31.571	7.160	12.888
机械	回旋钻机 1 500mm		台班	1.549	2.821	4.563	5.524	8.548	12.556
	交流弧焊机 32kV·A		台班	0.018	0.035	0.053	0.097	0.106	0.124
	电焊条烘干箱 $45 \times 35 \times 45(cm^3)$		台班	0.002	0.004	0.005	0.010	0.011	0.012
	泥浆泵 100mm		台班	0.239	0.239	0.239	0.239	—	—

工作内容：钢护筒埋设及拆除；造浆；准备钻具，钻机就位；钻孔、出渣、提钻、压浆、清孔等。

计量单位：$10m^3$

编号				3-1-105	3-1-106	3-1-107	3-1-108	3-1-109	3-1-110
项目				$\phi \leqslant 1\,200, H \leqslant 60m$					
				砂土、黏土	砂砾	砾石	卵石	软岩	较硬岩
名称			单位	消耗量					
人工	合计工日		工日	6.478	9.844	14.282	17.412	26.809	37.454
	其中	普工	工日	1.943	2.953	4.285	5.224	8.043	11.236
		一般技工	工日	3.887	5.907	8.569	10.447	16.085	22.473
		高级技工	工日	0.648	0.984	1.428	1.741	2.681	3.745
材料	枕木		m^3	0.006	0.006	0.006	0.006	0.006	0.006
	低合金钢焊条 E43 系列		kg	0.177	0.442	0.442	0.973	1.061	1.238
	铁件(综合)		kg	0.088	0.088	0.088	0.088	0.088	0.088
	钻头		kg	0.769	0.859	0.937	0.937	1.897	2.314
	钢护筒		t	0.004	0.004	0.004	0.004	0.004	0.004
	黏土		m^3	3.180	6.900	6.900	6.900	0.483	0.869
	水		m^3	24.286	31.571	31.571	31.571	7.160	12.888
机械	回旋钻机 1 500mm		台班	1.790	3.200	5.254	16.043	11.099	16.000
	交流弧焊机 32kV·A		台班	0.018	0.035	0.053	0.195	0.115	0.141
	电焊条烘干箱 $45 \times 35 \times 45(cm^3)$		台班	0.003	0.004	0.005	0.019	0.011	0.015
	泥浆泵 100mm		台班	0.336	0.336	0.336	0.336	—	—

工作内容：钢护筒埋设及拆除；造浆；准备钻具，钻机就位；钻孔、出渣、提钻、压浆、清孔等。

计量单位：$10m^3$

编　号			3-1-111	3-1-112	3-1-113	3-1-114	3-1-115	3-1-116
项　目			$\phi \leqslant 1\,500, H \leqslant 40m$					
			砂土、黏土	砂砾	砾石	卵石	软岩	较硬岩
名　称		单位	消　耗　量					
人工	合计工日	工日	4.769	6.740	9.311	10.848	15.123	20.969
人工	其中 普工	工日	1.431	2.022	2.793	3.254	4.537	6.291
人工	其中 一般技工	工日	2.861	4.044	5.587	6.509	9.074	12.581
人工	其中 高级技工	工日	0.477	0.674	0.931	1.085	1.512	2.097
材料	枕木	m^3	0.006	0.006	0.006	0.006	0.006	0.006
材料	低合金钢焊条 E43 系列	kg	0.141	0.226	0.340	0.679	0.736	0.905
材料	铁件（综合）	kg	0.113	0.113	0.113	0.113	0.113	0.113
材料	钻头	kg	0.615	0.688	0.750	0.750	1.518	1.851
材料	钢护筒	t	0.003	0.003	0.003	0.003	0.003	0.003
材料	黏土	m^3	3.180	6.900	6.900	6.900	0.390	0.702
材料	水	m^3	24.286	31.571	31.571	31.571	5.780	10.404
机械	回旋钻机 1 500mm	台班	1.116	1.918	3.094	3.805	5.826	8.526
机械	交流弧焊机 32kV·A	台班	0.014	0.023	0.034	0.068	0.079	0.091
机械	电焊条烘干箱 45×35×45（cm^3）	台班	0.001	0.002	0.003	0.007	0.008	0.010
机械	泥浆泵 100mm	台班	0.340	0.340	0.340	0.340	—	—

工作内容：钢护筒埋设及拆除；造浆；准备钻具，钻机就位；钻孔、出渣、提钻、压浆、清孔等。

计量单位：$10m^3$

编号				3-1-117	3-1-118	3-1-119	3-1-120	3-1-121	3-1-122
项目				$\phi \leqslant 1\,500, H \leqslant 60m$					
				砂土、黏土	砂砾	砾石	卵石	软岩	较硬岩
名称			单位	消耗量					
人工	合计工日		工日	4.836	7.307	10.413	12.418	18.866	26.280
	其中	普工	工日	1.451	2.192	3.124	3.725	5.660	7.884
		一般技工	工日	2.901	4.384	6.248	7.451	11.319	15.768
		高级技工	工日	0.484	0.731	1.041	1.242	1.887	2.628
材料	枕木		m^3	0.006	0.006	0.006	0.006	0.006	0.006
	低合金钢焊条 E43 系列		kg	0.141	0.226	0.340	0.679	0.736	0.905
	铁件（综合）		kg	0.113	0.113	0.113	0.113	0.113	0.113
	钻头		kg	0.615	0.688	0.750	0.750	1.518	1.851
	钢护筒		t	0.003	0.003	0.003	0.003	0.003	0.003
	黏土		m^3	3.180	6.900	6.900	6.900	0.390	0.702
	水		m^3	24.286	31.571	31.571	31.571	5.780	10.404
机械	回旋钻机 1 500mm		台班	1.245	2.258	3.687	4.614	7.632	11.065
	交流弧焊机 32kV·A		台班	0.014	0.028	0.040	0.079	0.085	0.102
	电焊条烘干箱 45×35×45（cm^3）		台班	0.001	0.003	0.004	0.008	0.008	0.010
	泥浆泵 100mm		台班	0.340	0.340	0.340	0.340	—	—

工作内容: 钢护筒埋设及拆除;造浆;准备钻具,钻机就位;钻孔、出渣、提钻、压浆、清孔等。

计量单位: 10m³

编号				3-1-123	3-1-124	3-1-125	3-1-126	3-1-127	3-1-128
项目				$\phi \leqslant 2\,000, H \leqslant 40$m					
				砂土、黏土	砂砾	砾石	卵石	软岩	较硬岩
名称			单位	消耗量					
人工	合计工日		工日	3.522	4.893	6.491	7.393	10.080	13.273
	其中	普工	工日	1.057	1.468	1.947	2.218	3.024	3.982
		一般技工	工日	2.113	2.936	3.895	4.436	6.048	7.964
		高级技工	工日	0.352	0.489	0.649	0.739	1.008	1.327
材料	枕木		m³	0.006	0.006	0.006	0.006	0.006	0.007
	低合金钢焊条 E43 系列		kg	0.080	0.127	0.223	0.414	0.446	0.541
	铁件(综合)		kg	0.095	0.095	0.095	0.095	0.095	0.095
	钻头		kg	0.462	0.516	0.562	0.562	1.138	1.388
	钢护筒		t	0.003	0.003	0.003	0.003	0.003	0.003
	黏土		m³	2.880	6.400	6.400	6.400	0.235	0.423
	水		m³	24.286	31.571	31.571	31.571	3.480	6.264
机械	回旋钻机 2 000mm		台班	0.656	1.167	1.904	2.316	3.601	5.081
	交流弧焊机 32kV·A		台班	0.010	0.016	0.022	0.048	0.051	0.060
	电焊条烘干箱 45×35×45(cm³)		台班	0.001	0.002	0.002	0.005	0.005	0.006
	泥浆泵 100mm		台班	0.331	0.331	0.331	0.331	—	—

工作内容：钢护筒埋设及拆除；造浆；准备钻具，钻机就位；钻孔、出渣、提钻、压浆、清孔等。

计量单位：10m³

编号			3-1-129	3-1-130	3-1-131	3-1-132	3-1-133	3-1-134
项目			$\phi \leqslant 2\,000, H \leqslant 60m$					
			砂土、黏土	砂砾	砾石	卵石	软岩	较硬岩
名称		单位	消耗量					
人工	合计工日	工日	3.569	5.176	7.092	8.163	11.413	15.322
人工	其中 普工	工日	1.071	1.553	2.128	2.449	3.424	4.597
人工	其中 一般技工	工日	2.141	3.105	4.255	4.898	6.848	9.193
人工	其中 高级技工	工日	0.357	0.518	0.709	0.816	1.141	1.532
材料	枕木	m³	0.004	0.004	0.004	0.004	0.004	0.004
材料	低合金钢焊条 E43 系列	kg	0.095	0.159	0.223	0.446	0.509	0.605
材料	铁件(综合)	kg	0.064	0.064	0.064	0.064	0.064	0.064
材料	钻头	kg	0.462	0.516	0.562	0.562	1.138	1.388
材料	钢护筒	t	0.003	0.003	0.003	0.003	0.003	0.003
材料	黏土	m³	2.880	6.400	6.400	6.400	0.235	0.423
材料	水	m³	20.762	26.362	26.362	26.362	3.480	6.264
机械	回旋钻机 2 000mm	台班	0.737	1.349	2.231	6.874	4.277	6.078
机械	交流弧焊机 32kV·A	台班	0.010	0.019	0.029	0.099	0.060	0.073
机械	电焊条烘干箱 45×35×45(cm³)	台班	0.001	0.002	0.003	0.010	0.006	0.007
机械	泥浆泵 100mm	台班	0.331	0.331	0.331	0.331	—	—

十二、冲击式钻机钻孔

工作内容：钢护筒埋设及拆除；钻机准备工作，装拆桩架，就位，移动；钻进，提钻，造浆，压浆，出渣，清孔；测量孔径、孔深等。

计量单位：$10m^3$

编号				3-1-135	3-1-136	3-1-137	3-1-138
项目				$\phi \leqslant 1\,000, H \leqslant 20m$			
				砂土	黏土	砂砾	砾石
名称			单位	消耗量			
人工	合计工日		工日	12.900	14.780	26.336	36.481
	其中	普工	工日	3.870	4.434	7.901	10.944
		一般技工	工日	7.740	8.868	15.801	21.889
		高级技工	工日	1.290	1.478	2.634	3.648
材料	枕木		m^3	0.020	0.020	0.020	0.020
	铁件（综合）		kg	0.255	0.255	0.255	0.255
	钻头		kg	2.629	2.768	3.016	3.289
	低合金钢焊条 E43 系列		kg	0.382	0.764	0.891	1.401
	钢护筒		t	0.004	0.004	0.004	0.004
	黏土		m^3	3.320	3.320	7.380	7.380
	水		m^3	26.000	26.000	33.800	33.800
机械	冲击成孔机 1 000mm		台班	2.147	3.238	8.731	13.896
	交流弧焊机 32kV·A		台班	0.038	0.076	0.102	0.153
	电焊条烘干箱 45×35×45（cm^3）		台班	0.005	0.008	0.010	0.015
	泥浆泵 100mm		台班	2.213	2.213	4.819	4.819

工作内容：钢护筒埋设及拆除；钻机准备工作，装拆桩架，就位，移动；钻进，提钻，造浆，压浆，出渣，清孔；测量孔径、孔深等。

计量单位：10m³

编号				3-1-139	3-1-140	3-1-141	3-1-142
项目				$\phi \leqslant 1\,000, H \leqslant 20m$			
				卵石	软岩	较硬岩	坚硬岩
名称			单位	消耗量			
人工	合计工日		工日	42.402	62.694	85.992	144.147
	其中	普工	工日	12.721	18.808	25.797	43.244
		一般技工	工日	25.441	37.617	51.596	86.488
		高级技工	工日	4.240	6.269	8.599	14.415
材料	枕木		m³	0.020	0.020	0.020	0.020
	铁件(综合)		kg	0.255	0.255	0.255	0.255
	钻头		kg	3.289	3.673	4.109	4.371
	低合金钢焊条 E43系列		kg	2.801	3.056	3.692	4.202
	钢护筒		t	0.004	0.004	0.004	0.004
	黏土		m³	7.380	5.445	5.990	6.534
	水		m³	33.800	44.772	49.249	53.726
机械	冲击成孔机 1 000mm		台班	16.892	27.320	39.155	68.768
	交流弧焊机 32kV·A		台班	0.318	0.344	0.407	0.472
	电焊条烘干箱 45×35×45(cm³)		台班	0.032	0.034	0.041	0.047
	泥浆泵 100mm		台班	4.819	8.614	9.475	10.337

工作内容：钢护筒埋设及拆除；钻机准备工作，装拆桩架，就位，移动；钻进，提钻，造浆，压浆，出渣，清孔；测量孔径、孔深等。　　**计量单位**：$10m^3$

编　号			3-1-143	3-1-144	3-1-145	3-1-146
项　目			$\phi \leqslant 1\,000, H \leqslant 40m$			
			砂土	黏土	砂砾	砾石
名　称		单位	消　耗　量			
人工	合计工日	工日	11.680	14.217	30.939	44.279
	其中 普工	工日	3.504	4.265	9.282	13.284
	其中 一般技工	工日	7.008	8.530	18.563	26.567
	其中 高级技工	工日	1.168	1.422	3.094	4.428
材料	枕木	m^3	0.010	0.010	0.010	0.010
	铁件（综合）	kg	0.127	0.127	0.127	0.127
	钻头	kg	2.629	2.768	3.016	3.289
	低合金钢焊条 E43 系列	kg	0.382	0.764	0.891	1.401
	钢护筒	t	0.004	0.004	0.004	0.004
	黏土	m^3	3.320	3.320	7.380	7.380
	水	m^3	26.000	26.000	33.800	33.800
机械	冲击成孔机 1 000mm	台班	3.116	4.668	12.647	19.403
	交流弧焊机 32kV·A	台班	0.038	0.076	0.102	0.153
	电焊条烘干箱 45×35×45（cm^3）	台班	0.005	0.008	0.010	0.015
	泥浆泵 100mm	台班	2.213	2.213	4.819	4.819

工作内容: 钢护筒埋设及拆除;钻机准备工作,装拆桩架,就位,移动;钻进,提钻,造浆,压浆,出渣,清孔;测量孔径、孔深等。

计量单位: $10m^3$

编号				3-1-147	3-1-148	3-1-149	3-1-150
项目				$\phi \leq 1\,000, H \leq 40m$			
				卵石	软岩	较硬岩	坚硬岩
名称			单位	消耗量			
人工	合计工日		工日	52.829	88.434	124.887	202.676
	其中	普工	工日	15.849	26.530	37.466	60.803
		一般技工	工日	31.697	53.061	74.932	121.605
		高级技工	工日	5.283	8.843	12.489	20.268
材料	铁件(综合)		kg	0.127	0.127	0.127	0.127
	枕木		m^3	0.010	0.010	0.010	0.010
	钻头		kg	3.289	3.673	4.109	4.371
	低合金钢焊条 E43 系列		kg	2.801	3.056	3.692	4.202
	钢护筒		t	0.004	0.004	0.004	0.004
	黏土		m^3	7.380	5.445	5.990	6.534
	水		m^3	33.800	44.772	49.249	53.726
机械	冲击成孔机 1 000mm		台班	23.791	55.307	60.534	100.064
	交流弧焊机 32kV·A		台班	0.318	0.635	0.407	0.472
	电焊条烘干箱 $45 \times 35 \times 45(cm^3)$		台班	0.032	0.064	0.041	0.047
	泥浆泵 100mm		台班	4.819	8.614	9.475	10.337

工作内容：钢护筒埋设及拆除；钻机准备工作，装拆桩架，就位，移动；钻进，提钻，造浆，压浆，出渣，清孔；测量孔径、孔深等。　　**计量单位**：$10m^3$

编　　号				3-1-151	3-1-152	3-1-153	3-1-154
项　　目				$\phi \leqslant 1\,000, H \leqslant 60m$			
				砂土	黏土	砂砾	砾石
名　　称			单位	消　耗　量			
人工	合计工日		工日	10.583	13.679	36.397	53.833
	其中	普工	工日	3.175	4.104	10.919	16.150
		一般技工	工日	6.350	8.207	21.838	32.300
		高级技工	工日	1.058	1.368	3.640	5.383
材料	铁件（综合）		kg	0.113	0.121	0.152	0.155
	枕木		m^3	0.009	0.009	0.009	0.009
	钻头		kg	2.348	2.652	3.574	4.022
	低合金钢焊条 E43 系列		kg	0.341	0.732	1.056	1.713
	钢护筒		t	0.004	0.004	0.004	0.004
	黏土		m^3	3.320	3.320	7.380	7.380
	水		m^3	26.000	26.000	33.800	33.800
机械	冲击成孔机 1 000mm		台班	2.782	4.473	19.403	35.425
	交流弧焊机 32kV·A		台班	0.034	0.074	0.153	0.266
	电焊条烘干箱 $45 \times 35 \times 45$（cm^3）		台班	0.003	0.008	0.015	0.027
	泥浆泵 100mm		台班	2.213	2.213	4.819	4.819

工作内容：钢护筒埋设及拆除；钻机准备工作，装拆桩架，就位，移动；钻进，提钻，造浆，压浆，出渣，清孔；测量孔径、孔深等。 **计量单位：**$10m^3$

编号				3-1-155	3-1-156	3-1-157	3-1-158
项目				$\phi \leq 1\,000, H \leq 60m$			
				卵石	软岩	较硬岩	坚硬岩
名称			单位	消耗量			
人工	合计工日		工日	65.933	124.973	142.910	231.050
	其中	普工	工日	19.780	37.492	42.873	69.315
		一般技工	工日	39.560	74.984	85.746	138.630
		高级技工	工日	6.593	12.497	14.291	23.105
材料	铁件（综合）		kg	0.160	0.181	0.146	0.145
	枕木		m^3	0.013	0.014	0.011	0.011
	钻头		kg	4.127	5.216	4.708	4.987
	低合金钢焊条 E43 系列		kg	3.515	4.339	4.232	4.795
	钢护筒		t	0.004	0.004	0.004	0.004
	黏土		m^3	7.380	5.445	5.990	6.534
	水		m^3	33.800	44.772	49.249	53.726
机械	冲击成孔机 1 000mm		台班	41.993	55.122	69.371	114.174
	交流弧焊机 32kV·A		台班	0.344	0.489	0.467	0.537
	电焊条烘干箱 45×35×45（cm^3）		台班	0.034	0.048	0.047	0.537
	泥浆泵 100mm		台班	4.819	8.614	9.475	10.337

工作内容：钢护筒埋设及拆除；钻机准备工作，装拆桩架，就位，移动；钻进，提钻，造浆，压浆，出渣，清孔；测量孔径、孔深等。 **计量单位**：$10m^3$

编号				3-1-159	3-1-160	3-1-161	3-1-162
项目				$\phi \leq 1\,500, H \leq 20m$			
				砂土	黏土	砂砾	砾石
名称			单位	消耗量			
人工	合计工日		工日	5.746	6.873	14.306	20.233
	其中	普工	工日	1.724	2.062	4.292	6.070
		一般技工	工日	3.447	4.124	8.583	12.140
		高级技工	工日	0.575	0.687	1.431	2.023
材料	枕木		m^3	0.005	0.005	0.005	0.005
	铁件(综合)		kg	0.057	0.057	0.057	0.057
	钻头		kg	1.753	1.845	2.011	2.193
	低合金钢焊条 E43 系列		kg	0.170	0.340	0.396	0.622
	钢护筒		t	0.003	0.003	0.003	0.003
	黏土		m^3	3.180	3.180	6.900	6.900
	水		m^3	24.286	24.286	31.571	31.571
机械	冲击成孔机 1 500mm		台班	1.385	2.075	5.621	8.113
	交流弧焊机 32kV·A		台班	0.017	0.034	0.045	0.128
	电焊条烘干箱 45×35×45(cm^3)		台班	0.002	0.003	0.005	0.013
	泥浆泵 100mm		台班	2.089	2.089	4.514	4.514

工作内容：钢护筒埋设及拆除；钻机准备工作，装拆桩架，就位，移动；钻进，提钻，造浆，压浆，出渣，清孔；测量孔径、孔深等。 **计量单位：**$10m^3$

编号				3-1-163	3-1-164	3-1-165	3-1-166
项目				$\phi \leq 1\,500, H \leq 20m$			
				卵石	软岩	较硬岩	坚硬岩
名称			单位	消耗量			
人工	合计工日		工日	23.257	39.859	56.060	90.633
	其中	普工	工日	6.977	11.958	16.818	27.190
		一般技工	工日	13.954	23.915	33.636	54.380
		高级技工	工日	2.326	3.986	5.606	9.063
材料	铁件(综合)		kg	—	0.057	0.057	0.057
	枕木		m^3	—	0.005	0.005	0.005
	钻头		kg	8.845	2.449	2.739	2.914
	低合金钢焊条 E43 系列		kg	2.037	1.358	1.641	1.867
	钢护筒		t	0.003	0.003	0.003	0.003
	黏土		m^3	6.900	5.215	5.737	6.258
	水		m^3	31.571	39.829	43.812	47.795
机械	冲击成孔机 1 500mm		台班	10.362	18.396	26.904	44.473
	交流弧焊机 32kV·A		台班	0.282	0.282	0.181	0.210
	电焊条烘干箱 45×35×45(cm^3)		台班	0.028	0.028	0.018	0.021
	泥浆泵 100mm		台班	4.514	7.692	8.461	9.230

工作内容：钢护筒埋设及拆除；钻机准备工作，装拆桩架，就位，移动；钻进，提钻，造浆，压浆，出渣，清孔；测量孔径、孔深等。

计量单位：$10m^3$

编　号				3-1-167	3-1-168	3-1-169	3-1-170
项　目				$\phi \leqslant 1\,500, H \leqslant 40m$			
				砂土	黏土	砂砾	砾石
名　称			单位	消　耗　量			
人工	合计工日		工日	7.164	8.209	17.897	25.244
	其中	普工	工日	2.149	2.463	5.369	7.573
		一般技工	工日	4.299	4.925	10.738	15.147
		高级技工	工日	0.716	0.821	1.790	2.524
材料	枕木		m^3	0.006	0.006	0.006	0.006
	铁件(综合)		kg	0.113	0.113	0.113	0.113
	钻头		kg	1.753	1.845	2.011	2.193
	低合金钢焊条 E43 系列		kg	0.170	0.340	0.453	0.679
	钢护筒		t	0.003	0.003	0.003	0.003
	黏土		m^3	3.180	3.180	6.900	6.900
	水		m^3	24.286	24.286	31.571	31.571
机械	冲击成孔机 1 500mm		台班	1.676	2.468	6.860	10.606
	交流弧焊机 32kV·A		台班	0.017	0.040	0.051	0.079
	电焊条烘干箱 45×35×45(cm^3)		台班	0.002	0.004	0.005	0.008
	泥浆泵 100mm		台班	2.089	2.089	4.514	4.514

工作内容：钢护筒埋设及拆除；钻机准备工作，装拆桩架，就位，移动；钻进，提钻，造浆，压浆，出渣，清孔；测量孔径、孔深等。

计量单位：$10m^3$

编号				3-1-171	3-1-172	3-1-173	3-1-174
项目				$\phi \leqslant 1\,500, H \leqslant 40m$			
				卵石	软岩	较硬岩	坚硬岩
名称			单位	消耗量			
人工	合计工日		工日	29.713	49.296	69.170	110.633
	其中	普工	工日	8.914	14.789	20.751	33.190
		一般技工	工日	17.828	29.577	41.502	66.380
		高级技工	工日	2.971	4.930	6.917	11.063
材料	铁件（综合）		kg	0.113	0.113	0.113	0.113
	枕木		m^3	0.006	0.006	0.006	0.006
	钻头		kg	2.193	2.449	2.739	2.914
	低合金钢焊条 E43 系列		kg	1.415	1.528	1.811	2.094
	钢护筒		t	0.003	0.003	0.003	0.003
	黏土		m^3	6.900	5.215	5.737	6.258
	水		m^3	31.571	39.829	43.812	47.795
机械	冲击成孔机 1 500mm		台班	12.870	22.959	33.069	54.142
	交流弧焊机 32kV·A		台班	0.158	0.175	0.204	0.238
	电焊条烘干箱 $45 \times 35 \times 45(cm^3)$		台班	0.016	0.018	0.021	0.024
	泥浆泵 100mm		台班	4.514	7.692	8.461	9.230

工作内容：钢护筒埋设及拆除；钻机准备工作，装拆桩架，就位，移动；钻进，提钻，造浆，压浆，出渣，清孔；测量孔径、孔深等。　　**计量单位**：$10m^3$

编　号				3-1-175	3-1-176	3-1-177	3-1-178
项　目				$\phi \leqslant 1\,500, H \leqslant 60m$			
				砂土	黏土	砂砾	砾石
名　称			单位	消　耗　量			
人工	合计工日		工日	9.028	9.857	22.473	31.570
	其中	普工	工日	2.708	2.957	6.742	9.471
		一般技工	工日	5.417	5.914	13.484	18.942
		高级技工	工日	0.903	0.986	2.247	3.157
材料	铁件（综合）		kg	0.149	0.140	0.144	0.143
	枕木		m^3	0.008	0.008	0.008	0.008
	钻头		kg	2.300	2.284	2.562	2.769
	低合金钢焊条 E43 系列		kg	0.222	0.419	0.577	0.857
	钢护筒		t	0.003	0.003	0.003	0.003
	黏土		m^3	3.180	3.180	6.900	6.900
	水		m^3	24.286	24.286	31.571	31.571
机械	冲击成孔机 1 500mm		台班	2.199	8.741	13.016	13.396
	交流弧焊机 32kV·A		台班	0.022	0.065	0.077	0.100
	电焊条烘干箱 45×35×45（cm^3）		台班	0.002	0.007	0.008	0.010
	泥浆泵 100mm		台班	2.089	2.089	4.514	4.514

工作内容：钢护筒埋设及拆除；钻机准备工作，装拆桩架，就位，移动；钻进，提钻，造浆，压浆，出渣，清孔；测量孔径、孔深等。

计量单位：$10m^3$

编号			3-1-179	3-1-180	3-1-181	3-1-182
项目			$\phi \leqslant 1\,500, H \leqslant 60m$			
			卵石	软岩	较硬岩	坚硬岩
名称		单位	消耗量			
人工	合计工日	工日	36.813	61.032	85.417	135.148
	其中 普工	工日	11.044	18.310	25.625	40.544
	其中 一般技工	工日	22.088	36.619	51.250	81.089
	其中 高级技工	工日	3.681	6.103	8.542	13.515
材料	枕木	m^3	0.008	0.008	0.008	0.008
	铁件(综合)	kg	0.141	0.141	0.140	0.139
	钻头	kg	2.739	3.047	3.394	3.567
	低合金钢焊条 E43 系列	kg	1.767	1.901	2.232	2.563
	钢护筒	t	0.003	0.003	0.003	0.003
	黏土	m^3	6.900	5.215	5.737	6.258
	水	m^3	31.571	39.829	43.812	47.795
机械	冲击成孔机 1 500mm	台班	16.075	28.561	70.209	66.270
	交流弧焊机 32kV·A	台班	0.197	0.218	0.252	0.291
	电焊条烘干箱 45×35×45(cm^3)	台班	0.020	0.022	0.028	0.029
	泥浆泵 100mm	台班	4.514	7.692	8.461	9.230

工作内容： 钢护筒埋设及拆除；钻机准备工作，装拆桩架，就位，移动；钻进，提钻，造浆，压浆，出渣，清孔；测量孔径、孔深等。

计量单位： $10m^3$

编号				3-1-183	3-1-184	3-1-185	3-1-186
项目				$\phi \leqslant 2\,000, H \leqslant 20m$			
				砂土	黏土	砂砾	砾石
名称			单位	消耗量			
人工	合计工日		工日	4.711	5.636	11.730	16.592
	其中	普工	工日	1.413	1.691	3.519	4.978
		一般技工	工日	2.827	3.382	7.038	9.955
		高级技工	工日	0.471	0.563	1.173	1.659
材料	枕木		m^3	0.003	0.003	0.003	0.003
	铁件（综合）		kg	0.047	0.047	0.047	0.047
	钻头		kg	1.315	1.384	1.508	1.645
	低合金钢焊条 E43 系列		kg	0.075	0.149	0.174	0.274
	钢护筒		t	0.003	0.003	0.003	0.003
	黏土		m^3	2.880	2.880	6.400	6.400
	水		m^3	20.276	20.276	26.362	26.362
机械	冲击成孔机 2 000mm		台班	1.219	1.826	5.340	7.707
	交流弧焊机 32kV·A		台班	0.011	0.023	0.036	0.103
	电焊条烘干箱 $45 \times 35 \times 45(cm^3)$		台班	0.002	0.002	0.004	0.010
	泥浆泵 100mm		台班	1.841	1.841	4.283	4.283

工作内容：钢护筒埋设及拆除；钻机准备工作，装拆桩架，就位，移动；钻进，提钻，造浆，压浆，出渣，清孔；测量孔径、孔深等。 **计量单位：**10m³

编号				3-1-187	3-1-188	3-1-189	3-1-190
项目				$\phi \leqslant 2\,000, H \leqslant 20m$			
				卵石	软岩	较硬岩	坚硬岩
名称			单位	消耗量			
人工	合计工日		工日	19.071	32.684	45.969	74.319
	其中	普工	工日	5.721	9.805	13.791	22.296
		一般技工	工日	11.443	19.610	27.581	44.591
		高级技工	工日	1.907	3.269	4.597	7.432
材料	铁件（综合）		kg	—	0.047	0.047	0.047
	枕木		m³	—	0.003	0.003	0.003
	钻头		kg	1.645	1.837	2.055	2.186
	低合金钢焊条 E43 系列		kg	0.896	0.598	0.722	0.822
	钢护筒		t	0.003	0.003	0.003	0.003
	黏土		m³	6.400	4.723	5.195	5.668
	水		m³	26.362	33.253	36.578	39.904
机械	冲击成孔机 2 000mm		台班	9.844	17.108	25.021	41.360
	交流弧焊机 32kV·A		台班	0.226	0.169	0.109	0.126
	电焊条烘干箱 45×35×45（cm³）		台班	0.023	0.016	0.010	0.012
	泥浆泵 100mm		台班	4.283	7.170	7.887	8.604

工作内容：钢护筒埋设及拆除；钻机准备工作，装拆桩架，就位，移动；钻进，提钻，造浆，压浆，出渣，清孔；测量孔径、孔深等。

计量单位：$10m^3$

编号				3-1-191	3-1-192	3-1-193	3-1-194
项目				$\phi \leqslant 2\,000, H \leqslant 40m$			
				砂土	黏土	砂砾	砾石
名称			单位	消耗量			
人工	合计工日		工日	5.875	6.731	14.675	20.701
	其中	普工	工日	1.763	2.019	4.403	6.210
		一般技工	工日	3.525	4.039	8.805	12.421
		高级技工	工日	0.587	0.673	1.467	2.070
材料	枕木		m^3	0.004	0.004	0.004	0.004
	铁件（综合）		kg	0.094	0.094	0.094	0.094
	钻头		kg	1.315	1.384	1.508	1.645
	低合金钢焊条 E43 系列		kg	0.075	0.149	0.199	0.299
	钢护筒		t	0.003	0.003	0.003	0.003
	黏土		m^3	2.880	2.880	6.400	6.400
	水		m^3	20.276	20.276	26.362	26.362
机械	冲击成孔机 2 000mm		台班	1.475	2.172	6.517	10.076
	交流弧焊机 32kV·A		台班	0.011	0.027	0.041	0.063
	电焊条烘干箱 45×35×45（cm^3）		台班	0.002	0.003	0.004	0.006
	泥浆泵 100mm		台班	1.841	1.841	4.283	4.283

工作内容： 钢护筒埋设及拆除；钻机准备工作，装拆桩架，就位，移动；钻进，提钻，造浆，压浆，出渣，清孔；测量孔径、孔深等。

计量单位： $10m^3$

编号				3-1-195	3-1-196	3-1-197	3-1-198
项目				$\phi \leqslant 2\,000, H \leqslant 40m$			
				卵石	软岩	较硬岩	坚硬岩
名称			单位	消耗量			
人工	合计工日		工日	24.364	40.422	56.720	90.719
	其中	普工	工日	7.309	12.127	17.016	27.216
		一般技工	工日	14.618	24.253	34.032	54.431
		高级技工	工日	2.437	4.042	5.672	9.072
材料	铁件（综合）		kg	0.094	0.094	0.094	0.094
	枕木		m^3	0.004	0.004	0.004	0.004
	钻头		kg	2.193	2.449	2.739	2.914
	低合金钢焊条 E43 系列		kg	0.410	0.410	0.410	0.410
	钢护筒		t	0.003	0.003	0.003	0.003
	黏土		m^3	6.400	4.723	5.195	5.668
	水		m^3	26.362	33.253	36.578	39.904
机械	冲击成孔机 2 000mm		台班	12.226	21.352	30.754	50.352
	交流弧焊机 32kV·A		台班	0.127	0.105	0.122	0.143
	电焊条烘干箱 45×35×45（cm^3）		台班	0.013	0.010	0.012	0.013
	泥浆泵 100mm		台班	4.283	7.170	7.887	8.604

工作内容：钢护筒埋设及拆除；钻机准备工作，装拆桩架，就位，移动；钻进，提钻，造浆，压浆，出渣，清孔；测量孔径、孔深等。 **计量单位**：$10m^3$

编号				3-1-199	3-1-200	3-1-201	3-1-202
项目				$\phi \leqslant 2\,000, H \leqslant 60m$			
				砂土	黏土	砂砾	砾石
名称			单位	消耗量			
人工	合计工日		工日	7.403	8.083	18.428	25.888
	其中	普工	工日	2.221	2.425	5.528	7.766
		一般技工	工日	4.442	4.850	11.057	15.533
		高级技工	工日	0.740	0.808	1.843	2.589
材料	铁件(综合)		kg	0.124	0.116	0.120	0.119
	枕木		m^3	0.005	0.005	0.005	0.005
	钻头		kg	2.001	1.906	1.989	2.110
	低合金钢焊条 E43 系列		kg	0.098	0.185	0.254	0.377
	钢护筒		t	0.003	0.003	0.003	0.003
	黏土		m^3	2.880	2.880	6.400	6.400
	水		m^3	20.276	20.276	26.362	26.362
机械	冲击成孔机 2 000mm		台班	1.935	8.304	12.365	12.726
	交流弧焊机 32kV·A		台班	0.015	0.052	0.062	0.080
	电焊条烘干箱 45×35×45(cm^3)		台班	0.002	0.005	0.006	0.008
	泥浆泵 100mm		台班	1.841	1.841	4.283	4.283

工作内容：钢护筒埋设及拆除；钻机准备工作，装拆桩架，就位，移动；钻进，提钻，造浆，压浆，出渣，清孔；测量孔径、孔深等。

计量单位：$10m^3$

编　号				3-1-203	3-1-204	3-1-205	3-1-206
项　目				$\phi \leqslant 2\,000, H \leqslant 60m$			
				卵石	软岩	较硬岩	坚硬岩
名　称			单位	消　耗　量			
人工	合计工日		工日	30.187	50.046	70.042	110.821
	其中	普工	工日	9.056	15.014	21.013	33.246
		一般技工	工日	18.112	30.028	42.025	66.493
		高级技工	工日	3.019	5.004	7.004	11.082
材料	枕木		m^3	0.005	0.005	0.005	0.005
	铁件（综合）		kg	0.118	0.117	0.117	0.116
	钻头		kg	2.050	2.123	2.641	2.766
	低合金钢焊条 E43 系列		kg	0.778	0.836	0.982	1.128
	钢护筒		t	0.003	0.003	0.003	0.003
	黏土		m^3	6.400	4.723	5.195	5.668
	水		m^3	26.362	33.253	36.578	39.904
机械	冲击成孔机 2 000mm		台班	15.271	26.562	65.294	61.631
	交流弧焊机 32kV·A		台班	0.158	0.131	0.151	0.175
	电焊条烘干箱 45×35×45（cm^3）		台班	0.016	0.013	0.016	0.017
	泥浆泵 100mm		台班	4.283	7.170	7.887	8.604

十三、卷扬机带冲抓锥冲孔

工作内容：钢护筒埋设及拆除；装、拆、移钻架，安装卷扬机，串钢丝绳；准备抓具、冲抓、提钻、造浆、压浆、出渣、清孔等。

计量单位：10m³

编号				3-1-207	3-1-208	3-1-209	3-1-210	3-1-211
项目				$H \leqslant 20m$				
				砂土	黏土	砂砾	砾石	卵石
名称			单位	消耗量				
人工	合计工日		工日	8.677	9.924	18.527	26.783	34.740
	其中	普工	工日	2.603	2.977	5.558	8.035	10.422
		一般技工	工日	5.206	5.955	11.116	16.070	20.844
		高级技工	工日	0.868	0.992	1.853	2.678	3.474
材料	钻头		kg	8.488	9.054	11.884	11.884	14.147
	铁件（综合）		kg	2.037	2.037	2.037	2.037	2.037
	低合金钢焊条 E43 系列		kg	0.170	0.226	0.792	1.358	2.037
	钢护筒		t	0.003	0.003	0.003	0.003	0.003
	黏土		m³	11.490	11.490	17.436	17.436	17.436
	水		m³	17.304	17.304	18.540	18.540	18.540
机械	电动双筒快速卷扬机 50kN		台班	1.026	1.627	4.896	9.211	12.335
	交流弧焊机 32kV·A		台班	0.025	0.036	0.113	0.139	0.282
	电焊条烘干箱 45×35×45（cm³）		台班	0.002	0.003	0.011	0.014	0.028
	泥浆泵 100mm		台班	0.995	0.995	2.720	2.720	2.720

工作内容：钢护筒埋设及拆除；装、拆、移钻架，安装卷扬机，串钢丝绳；准备抓具、冲抓、提钻、造浆、压浆、出渣、清孔等。

计量单位：$10m^3$

编号				3-1-212	3-1-213	3-1-214	3-1-215	3-1-216
项目				$H \leqslant 30m$				
				砂土	黏土	砂砾	砾石	卵石
名称			单位	消耗量				
人工	合计工日		工日	9.021	10.269	22.096	33.450	42.954
	其中	普工	工日	2.706	3.081	6.629	10.035	12.886
		一般技工	工日	5.413	6.161	13.257	20.070	25.773
		高级技工	工日	0.902	1.027	2.210	3.345	4.295
材料	钻头		kg	8.488	8.488	11.884	11.884	15.019
	铁件(综合)		kg	2.037	2.037	2.037	2.037	2.037
	低合金钢焊条 E43 系列		kg	0.170	0.340	0.792	1.358	2.037
	钢护筒		t	0.003	0.003	0.003	0.003	0.003
	黏土		m^3	11.490	11.490	17.436	17.436	17.436
	水		m^3	17.304	17.304	18.540	18.540	18.540
机械	电动双筒快速卷扬机 50kN		台班	1.857	2.232	6.497	12.655	16.179
	交流弧焊机 32kV·A		台班	0.025	0.041	0.113	0.139	0.282
	电焊条烘干箱 45×35×45(cm^3)		台班	0.002	0.004	0.011	0.014	0.028
	泥浆泵 100mm		台班	0.995	0.995	2.720	2.720	2.720

工作内容：钢护筒埋设及拆除；装、拆、移钻架，安装卷扬机，串钢丝绳；准备抓具、冲抓、提钻、造浆、压浆、出渣、清孔等。

计量单位：$10m^3$

编　号				3-1-217	3-1-218	3-1-219	3-1-220	3-1-221
项　目				$H \leqslant 40m$				
				砂土	黏土	砂砾	砾石	卵石
名　称			单位	消　耗　量				
人工	合计工日		工日	9.797	12.203	26.999	42.267	54.824
	其中	普工	工日	2.939	3.661	8.100	12.680	16.447
		一般技工	工日	5.878	7.322	16.199	25.360	32.895
		高级技工	工日	0.980	1.220	2.700	4.227	5.482
材料	钻头		kg	8.488	8.488	11.884	11.884	14.854
	铁件（综合）		kg	2.037	2.037	2.037	2.037	2.037
	低合金钢焊条 E43 系列		kg	0.170	0.340	0.792	1.358	2.037
	钢护筒		t	0.003	0.003	0.003	0.003	0.003
	黏土		m^3	11.490	11.490	17.436	17.436	17.436
	水		m^3	17.304	17.304	18.540	18.540	18.540
机械	电动双筒快速卷扬机 50kN		台班	2.363	3.549	10.172	17.140	25.710
	交流弧焊机 32kV·A		台班	0.025	0.041	0.113	0.190	0.282
	电焊条烘干箱 45×35×45（cm^3）		台班	0.002	0.004	0.011	0.019	0.028
	泥浆泵 100mm		台班	0.995	0.995	2.720	2.720	2.720

工作内容：钢护筒埋设及拆除；装、拆、移钻架，安装卷扬机，串钢丝绳；准备抓具、冲抓、提钻、造浆、压浆、出渣、清孔等。

计量单位：$10m^3$

编号				3-1-222	3-1-223	3-1-224	3-1-225	3-1-226
项目				$H \leqslant 50m$				
				砂土	黏土	砂砾	砾石	卵石
名称			单位	消耗量				
人工	合计工日		工日	9.430	13.882	29.017	48.394	72.274
	其中	普工	工日	2.829	4.165	8.705	14.518	21.682
		一般技工	工日	5.658	8.329	17.410	29.037	43.365
		高级技工	工日	0.943	1.388	2.902	4.839	7.227
材料	钻头		kg	8.488	8.488	11.884	11.884	14.854
	铁件（综合）		kg	2.037	2.037	2.037	2.037	2.037
	低合金钢焊条 E43 系列		kg	0.170	0.340	0.792	1.358	2.037
	钢护筒		t	0.003	0.003	0.003	0.003	0.003
	黏土		m^3	11.490	11.490	17.436	17.436	17.436
	水		m^3	17.304	17.304	18.540	18.540	18.540
机械	电动双筒快速卷扬机 50kN		台班	3.634	5.461	15.618	26.351	39.567
	交流弧焊机 32kV·A		台班	0.025	0.041	0.113	0.190	0.282
	电焊条烘干箱 45×35×45（cm^3）		台班	0.002	0.004	0.011	0.019	0.028
	泥浆泵 100mm		台班	0.995	0.995	2.720	2.720	2.720

十四、沉管灌注混凝土桩

工作内容：放线定位、埋桩尖、安折桩架、移动桩机及其轨道、用钢管打桩孔、混凝土（制作）运输、灌注、拔钢管、夯实、整平隆起土壤。　　**计量单位：**$10m^3$

编号				3-1-227	3-1-228
项目				沉管灌注混凝土桩（桩径 mm）	
				480 以下	600 以下
名称			单位	消耗量	
人工	合计工日		工日	6.575	8.081
	其中	普工	工日	1.973	2.424
		一般技工	工日	3.944	4.849
		高级技工	工日	0.658	0.808
材料	预拌水下混凝土 C20		m^3	12.000	12.000
	型钢（综合）		kg	27.976	41.924
	铁件（综合）		kg	18.250	18.250
	其他材料费		%	1.50	1.50
机械	履带式柴油打桩机 2.5t		台班	0.770	—
	履带式柴油打桩机 5t		台班	—	0.632

工作内容：放线定位、埋桩尖、准备打桩机具、安折桩架、移动桩机及其轨道、用钢管打桩孔、混凝土（制作）运输、灌注、拔钢管、夯实、整平隆起土壤。　　**计量单位：**$10m^3$

编号				3-1-229
项目				沉管混凝土夯扩桩
名称			单位	消耗量
人工	合计工日		工日	11.701
	其中	普工	工日	3.510
		一般技工	工日	7.021
		高级技工	工日	1.170
材料	预拌水下混凝土 C20		m^3	12.000
	型钢（综合）		kg	41.965
	铁件（综合）		kg	18.250
	其他材料费		%	1.50
机械	履带式柴油打桩机 2.5t		台班	0.920

十五、泥浆池及泥浆制作、泥浆处理

工作内容：搭设、拆除溜槽和工作平台，拌和泥浆，倒运护壁泥浆等。 **计量单位：**$10m^3$

编号				3-1-230
项目				泥浆制作
名称			单位	消耗量
人工	合计工日		工日	1.169
	其中	普工	工日	0.351
		一般技工	工日	0.701
		高级技工	工日	0.117
材料	黏土		m^3	(1.770)
	水		m^3	8.571
机械	灰浆搅拌机 200L		台班	0.169
	潜水泵 100mm		台班	1.000
	泥浆泵 100mm		台班	1.000

工作内容：1. 泥浆池建造、拆除，泥浆装卸、运输、清理场地等。

2. 固化设备安装、调试，泥浆输送、沉淀、过滤、配置添加剂、固化、土方集堆。 **计量单位：**$10m^3$

编号				3-1-231	3-1-232
项目				泥浆池建造和拆除	泥浆固化处理
名称			单位	消耗量	
人工	合计工日		工日	0.216	0.167
	其中	普工	工日	0.065	0.050
		一般技工	工日	0.130	0.100
		高级技工	工日	0.022	0.017
材料	标准砖 240×115×53		千块	0.050	—
	预拌砂浆（干拌）		m^3	0.020	—
	生石灰		kg	—	21.645
	粉煤灰		kg	—	29.250
	聚酰胺 300#		kg	—	7.605
	其他材料费		%	—	1.50
机械	灰浆搅拌机 200L		台班	0.004	—
	压滤机 XMYZG400/1500-UB		台班	—	0.475
	轮胎式装载机 $3.5m^3$		台班	—	0.095

工作内容：装卸泥浆、运输、清理场地。 **计量单位：**$10m^3$

编号				3-1-233	3-1-234
项目				泥浆运输	
				运距 1km 以内	每增加 1km
名称			单位	消耗量	
人工	合计工日		工日	2.727	—
	其中	普工	工日	0.818	—
		一般技工	工日	1.636	—
		高级技工	工日	0.273	—
机械	泥浆罐车 5 000L		台班	0.384	0.096
	泥浆泵 100mm		台班	0.260	—

十六、灌注桩混凝土

工作内容：安拆导管、漏斗，灌注混凝土等。 **计量单位：**$10m^3$

编号				3-1-235	3-1-236	3-1-237
项目				回旋（旋挖）钻孔	冲击钻孔	冲抓钻孔
名称			单位	消耗量		
人工	合计工日		工日	3.470	3.617	3.757
	其中	普工	工日	1.041	1.085	1.127
		一般技工	工日	2.082	2.170	2.255
		高级技工	工日	0.347	0.362	0.375
材料	预拌水下混凝土 C20		m^3	12.120	12.625	13.130
	导管		kg	3.800	3.800	3.800
	六角螺栓		kg	0.410	0.410	0.410
	水		m^3	3.000	3.000	3.000
机械	履带式起重机 15t		台班	0.256	0.267	0.278

十七、注浆管埋设及灌注桩后注浆

工作内容：注浆管制作、焊接、埋设安装、清洗管道等全部过程。 **计量单位：**100m

编号				3-1-238
项目				注浆管埋设
				无缝钢管
名称			单位	消耗量
人工	合计工日		工日	2.160
	其中	普工	工日	0.648
		一般技工	工日	1.296
		高级技工	工日	0.216
材料	低合金钢焊条 E43 系列		kg	2.500
	无缝钢管 $D32 \times 2.5$		m	101.000
	氧气		m^3	0.660
	乙炔气		kg	0.254
	其他材料费		%	1.50
机械	管子切断机 250mm		台班	0.105
	交流弧焊机 32kV·A		台班	0.304

工作内容：运料，浆液制作，注浆、检查、堵孔等。 **计量单位：**m^3

编号				3-1-239	3-1-240	3-1-241
项目				预留孔注浆		
				水泥浆	水泥水玻璃双液浆	水泥砂浆
名称			单位	消耗量		
人工	合计工日		工日	0.895	1.084	0.895
	其中	普工	工日	0.268	0.325	0.268
		一般技工	工日	0.537	0.650	0.537
		高级技工	工日	0.090	0.109	0.090
材料	枕木		m^3	0.008	0.011	0.011
	水泥 P·O 42.5		t	0.765	0.441	—
	水		m^3	0.905	0.695	0.905
	硅酸钠（水玻璃）		kg	—	390.000	—
	磷酸氢二钠		kg	—	6.600	—
	预拌砂浆（干拌）		m^3	—	—	1.020
机械	电动灌浆机		台班	0.121	0.138	0.121
	灰浆搅拌机 200L		台班	0.100	0.100	—
	干混砂浆罐式搅拌机		台班	—	—	0.041

十八、静钻根植桩

工作内容：1. 成孔：测量放线、桩机就位、定位、钻孔、修孔、扩底。
2. 注浆：喷水泥浆，重复上、下搅拌。

计量单位：m^3

编号				3-1-242	3-1-243	3-1-244	3-1-245	3-1-246
项目				静钻根植桩成孔			静钻根植桩注浆	
				$\phi \leqslant 550$	$\phi 650$	$\phi \leqslant 800$	桩端	桩周
名称			单位	消耗量			消耗量	
人工	合计工日		工日	0.253	0.189	0.159	0.113	0.113
	其中	普工	工日	0.076	0.057	0.048	0.034	0.034
		一般技工	工日	0.152	0.113	0.095	0.068	0.068
		高级技工	工日	0.025	0.019	0.016	0.011	0.011
材料	水		m^3	1.612	1.502	1.469	1.101	0.230
	木板		m^3	0.010	0.008	0.006	0.654	0.228
	其他材料费		%	2.000	2.000	2.000	2.000	0.600
机械	单轴油压扩头钻机 150kW		台班	0.023	0.022	0.020	0.042	0.013
	履带式单斗液压挖掘机 $1m^3$		台班	0.017	0.017	0.016	0.023	0.009
	水泥浆系统 BZ-20L		台班	0.035	0.033	0.030	0.042	0.013
	履带式起重机 100t		台班	0.017	0.017	0.016	0.023	0.009

工作内容：1. 植桩：吊机就位，吊桩、植桩、接桩。
2. 送桩：安卸桩垫、吊安送桩器，送桩、拔放送桩器。

计量单位：10m

编号				3-1-247	3-1-248	3-1-249	3-1-250	3-1-251	3-1-252
项目				静钻根植桩植桩			静钻根植桩送桩		
				桩径（mm 以内）			桩径（mm 以内）		
				550	650	800	550	650	800
名称			单位	消耗量			消耗量		
人工	合计工日		工日	0.275	0.290	0.376	0.210	0.248	0.371
	其中	普工	工日	0.083	0.087	0.113	0.063	0.074	0.111
		一般技工	工日	0.164	0.174	0.225	0.126	0.149	0.223
		高级技工	工日	0.028	0.029	0.038	0.021	0.025	0.037
材料	预应力混凝土桩		m	10.150	10.150	10.150	–	–	–
	电焊条		kg	2.080	2.399	2.849	–	–	–
	木板		m^3	0.010	0.010	0.010	–	–	–
	其他材料费		%	2.000	2.000	2.000	1.100	1.100	1.100
机械	单轴油压扩头钻机 150kW		台班	–	–	–	0.068	0.080	0.112
	履带式单斗液压挖掘机 $1m^3$		台班	0.038	0.045	0.053	0.068	0.080	0.112
	履带式起重机 100t		台班	0.038	0.045	0.053	0.068	0.080	0.112
	交流弧焊机 32kV·A		台班	0.038	0.045	0.053	–	–	–

十九、声 测 管

工作内容： 检测管截断、封头，套管制作、焊接，定位、固定等。 **计量单位：** t

编号				3-1-253
项目				声测管
名称			单位	消耗量
人工	合计工日		工日	4.263
	其中	普工	工日	1.279
		一般技工	工日	2.558
		高级技工	工日	0.426
材料	钢板（综合）		t	0.001
	钢管		t	1.068
	低合金钢焊条 E43 系列		kg	3.400
	铁丝 ϕ2.8~4.0		kg	1.300
机械	交流弧焊机 32kV·A		台班	1.200
	电焊条烘干箱 45×35×45（cm^3）		台班	0.106

第二章　基坑与边坡支护

说　明

一、本章内容包括地下连续墙、咬合灌注桩、型钢水泥土搅拌墙、锚杆(索)、土钉、喷射混凝土、骨架护坡(格构护坡)等项目。

二、本章适用于黏土、砂土及冲填土等软土层土质情况下桥涵工程的基坑与边坡支护项目,遇其他较硬地层时执行相应项目。

三、地下连续墙成槽的护壁泥浆是按普通泥浆编制的,若需要重晶石泥浆时,可自行调整。

四、除冲击式挖土成槽子目外,地下连续墙项目未包括泥浆池的制作、拆除,发生时根据施工组织设计套用第一章"泥浆池建造和拆除"子目。泥浆使用后的废浆运弃,其费用套用第一章"泥浆运输"子目。

五、咬合灌注桩、型钢水泥土搅拌墙导墙执行地下连续墙导墙相应项目。

六、渠式切割深层搅拌地下水泥土连续墙(TRD)施工产生的涌土、浮浆的清除外运,按成桩工程量乘以系数 0.25 计算,执行第一册《土石方工程》"土方外运"子目。渠式切割深层搅拌地下水泥土连续墙(TRD)墙顶凿除执行本册凿除灌注桩子目乘以系数 0.10。

七、砂浆土钉项目钢筋按 ϕ10mm 以外编制,材料品种、规格不同时允许换算。土钉采用工程地质液压钻机钻孔置入法施工时,执行锚杆相应项目。

工程量计算规则

一、地下连续墙成槽土方量及浇筑混凝土工程量按连续墙设计截面面积（设计长度乘以宽度）乘以槽深（设计槽深加超深 0.5m）以体积计算；锁口管、接头箱吊拔及清底置换按设计图示连续墙的单元以“段”为单位，其中清底置换按连续墙设计段数计算，锁口管、接头箱吊拔按连续墙段数加 1 段计算。入岩增加费工程量按实际入岩深度以体积计算。连续墙型钢封口制作、安装按设计图示尺寸以质量计算。

二、咬合灌注桩按设计图示单桩尺寸以体积计算。

三、水泥土搅拌墙按设计截面面积乘以设计长度以体积计算，加灌高度，设计有规定时，按设计规定计算；设计无规定时，按 0.5m 计算；若设计墙顶标高至原地面高差小于 0.5m 时，加灌高度按实际计算。搅拌桩成孔中重复套钻工程量已在项目考虑，不另行计算。

四、渠式切割深层搅拌地下水泥土连续墙（TRD）工程量按成槽设计长度乘以墙厚及成槽深度另加加灌高度以体积计算。加灌高度，设计有规定时，按设计规定计算；设计无规定时，按 0.5m 计算；若设计墙顶标高至原地面高差小于 0.5m 时，加灌高度按实际计算。

五、锚杆（索）的钻孔、压浆按设计图示长度计算，制作、安装按照设计图示主材（钢筋或钢绞线）重量计算，不包括附件重量；砂浆土钉、钢管护坡土钉按照设计图示长度计算；喷射混凝土按设计图示尺寸以面积计算，挂网按设计用钢量计算。

六、骨架护坡按设计图示尺寸以体积计算，模板工程量按模板接触混凝土的面积计算。

一、地下连续墙

工作内容: 1. 导墙开挖:挖土、装车、整修,浇捣混凝土基座,沟槽排水等。
2. 混凝土浇筑、捣固、抹平、养护,模板制作、安装、涂脱模剂,模板拆除、修理、整堆等。

<table>
<tr><td colspan="4">编　号</td><td>3-2-1</td><td>3-2-2</td><td>3-2-3</td></tr>
<tr><td colspan="4" rowspan="4">项　目</td><td colspan="3">导墙</td></tr>
<tr><td rowspan="2">导墙开挖</td><td colspan="2">现浇混凝土导墙</td></tr>
<tr><td>混凝土</td><td>模板</td></tr>
<tr><td colspan="2">10m³</td><td>10m²</td></tr>
<tr><td colspan="3">名　称</td><td>单位</td><td colspan="3">消　耗　量</td></tr>
<tr><td rowspan="4">人工</td><td colspan="2">合计工日</td><td>工日</td><td>1.458</td><td>2.673</td><td>2.341</td></tr>
<tr><td rowspan="3">其中</td><td>普工</td><td>工日</td><td>0.437</td><td>0.802</td><td>0.702</td></tr>
<tr><td>一般技工</td><td>工日</td><td>0.802</td><td>1.470</td><td>1.288</td></tr>
<tr><td>高级技工</td><td>工日</td><td>0.219</td><td>0.401</td><td>0.351</td></tr>
<tr><td rowspan="9">材料</td><td colspan="2">板枋材</td><td>m³</td><td>—</td><td>—</td><td>0.074</td></tr>
<tr><td colspan="2">圆钉</td><td>kg</td><td>—</td><td>—</td><td>0.194</td></tr>
<tr><td colspan="2">电</td><td>kW·h</td><td>—</td><td>3.430</td><td>—</td></tr>
<tr><td colspan="2">预拌混凝土 C20</td><td>m³</td><td>0.384</td><td>10.100</td><td>—</td></tr>
<tr><td colspan="2">铁件(综合)</td><td>kg</td><td>—</td><td>—</td><td>9.714</td></tr>
<tr><td colspan="2">组合钢模板</td><td>kg</td><td>—</td><td>—</td><td>6.232</td></tr>
<tr><td colspan="2">钢模板连接件</td><td>kg</td><td>—</td><td>—</td><td>1.173</td></tr>
<tr><td colspan="2">钢模支撑</td><td>kg</td><td>—</td><td>—</td><td>3.672</td></tr>
<tr><td colspan="2">其他材料费</td><td>%</td><td>2.00</td><td>2.00</td><td>2.00</td></tr>
<tr><td>机械</td><td colspan="2">履带式单斗液压挖掘机 0.6m³</td><td>台班</td><td>0.100</td><td>—</td><td>—</td></tr>
</table>

工作内容：1. 履带式液压抓斗：机具定位，安放跑板导轨，制浆、输送、循环分离泥浆，挖土成槽、护壁整修测量，场内运输、堆土等。

2. 二钻一抓：机具定位，制浆、输送、循环分离泥浆，钻孔、挖土成槽、护壁整修测量，场内运输、堆土等。

计量单位：$10m^3$

编号				3-2-4	3-2-5	3-2-6	3-2-7	3-2-8	3-2-9
项目				挖土成槽（m 以内）					
				履带式液压抓斗				二钻一抓	
				15	25	35	45	15	35
名称			单位	消耗量					
人工	合计工日		工日	4.080	4.695	5.310	8.848	6.009	6.198
	其中	普工	工日	1.224	1.409	1.593	2.654	1.803	1.859
		一般技工	工日	2.244	2.582	2.920	4.867	3.305	3.409
		高级技工	工日	0.612	0.704	0.797	1.327	0.901	0.930
材料	护壁泥浆		m^3	7.540	7.540	7.540	7.540	9.080	9.080
	其他材料费		%	2.00	2.00	2.00	2.00	1.00	1.00
机械	自卸汽车 8t		台班	0.193	0.207	0.221	0.278	0.193	0.221
	反循环钻机 60P-45A		台班	—	—	—	—	0.689	0.906
	履带式液压抓斗成槽机 KH180MHL-800		台班	0.275	0.296	0.317	0.417	0.275	0.317
	泥浆制作循环设备		台班	0.275	0.296	0.317	0.417	0.275	0.317
	超声波测壁机		台班	0.161	0.173	0.185	0.211	0.161	0.185

工作内容：准备机具安放就位，制浆、输送，冲孔、双轮铣成槽、测量，清底置换，泥浆池砌筑、拆除。

计量单位：10m³

编号				3-2-10	3-2-11
项目				挖土成槽	
				冲击式	
				25m 以内	25m 以外
名称			单位	消耗量	
人工	合计工日		工日	15.017	15.469
	其中	普工	工日	4.505	4.641
		一般技工	工日	8.259	8.508
		高级技工	工日	2.253	2.320
材料	型钢（综合）		kg	17.533	17.533
	圆钉 50~75		kg	0.880	0.880
	低合金钢焊条 E43 系列		kg	2.690	2.959
	黏土		m^3	3.090	3.090
	松杂板枋材		m^3	0.118	0.118
	水		m^3	8.000	9.000
	其他材料费		%	1.50	1.50
机械	带冲击锤冲孔桩机		台班	3.000	3.000
	泥浆泵 100mm		台班	2.740	3.010
	交流弧焊机 32kV·A		台班	0.970	1.060
	电动空气压缩机 20m^3/min		台班	0.620	0.680

工作内容：1. 机具定位，制浆，输送，挖土成槽，槽壁整修测量，场内运土、堆土。

2. 接缝清刷，空压机吹气搅拌，吸泥，清底置底。

计量单位：10m³

编号				3-2-12
项目				挖土成槽
				入岩增加费
名称			单位	消耗量
人工	合计工日		工日	26.772
	其中	普工	工日	8.032
		一般技工	工日	14.725
		高级技工	工日	4.016
机械	带冲击锤冲孔桩机		台班	10.440
	泥浆泵 100mm		台班	1.180

工作内容: 1. 接头管(箱)组装、入槽。
2. 拔除、拆卸、冲洗堆放等。

计量单位: 段

编号			3-2-13	3-2-14	3-2-15	3-2-16
项目			接头管吊拔(m 以内)			
			15	25	35	45
名称		单位	消耗量			
人工	合计工日	工日	8.747	12.322	15.897	19.629
	其中 普工	工日	2.624	3.697	4.769	5.889
	其中 一般技工	工日	4.811	6.777	8.743	10.796
	其中 高级技工	工日	1.312	1.848	2.385	2.944
材料	钢丝绳	kg	0.135	0.203	0.271	0.339
	锁口管	kg	42.020	48.160	90.950	122.830
	水	m^3	1.667	2.857	4.000	5.000
机械	履带式起重机 15t	台班	1.093	1.093	1.093	0.983
	锁口管顶升机	台班	0.219	0.219	0.219	0.219

工作内容: 接头管(箱)组装、入槽,拔除、拆卸、冲洗堆放等。

计量单位: 段

编号			3-2-17	3-2-18	3-2-19	3-2-20
项目			接头箱吊拔(m 以内)			
			15	25	35	45
名称		单位	消耗量			
人工	合计工日	工日	12.346	15.897	19.629	23.544
	其中 普工	工日	3.704	4.769	5.889	7.063
	其中 一般技工	工日	6.790	8.743	10.796	12.949
	其中 高级技工	工日	1.852	2.385	2.944	3.532
材料	钢丝绳	kg	0.244	0.366	0.488	0.610
	接头箱	kg	50.020	70.040	120.960	208.900
	水	m^3	1.667	2.857	4.000	5.000
机械	履带式起重机 15t	台班	1.693	2.180	2.696	3.238
	锁口管顶升机	台班	0.793	1.017	1.258	1.516

工作内容：放样、划线、截斜、平整、焊接、成品校正、吊装、校正。　　　　**计量单位：**t

编　号				3-2-21	3-2-22
项　目				连续墙型钢封口	
				连续墙型钢封口制作	连续墙型钢封口安装
名　称			单位	消　耗　量	
人工	合计工日		工日	8.449	2.256
	其中	普工	工日	2.535	0.677
		一般技工	工日	4.647	1.241
		高级技工	工日	1.267	0.338
材料	钢板（综合）		t	1.060	—
	低合金钢焊条 E43 系列		kg	75.910	1.630
	松杂原木（综合）		m^3	—	0.005
	松杂板枋材		m^3	—	0.003
	氧气		m^3	6.187	—
	乙炔气		kg	2.380	—
	泡沫塑料（综合）		m^2	1.360	—
	其他材料费		%	1.50	1.50
机械	汽车式起重机 16t		台班	0.081	0.069
	交流弧焊机 32kV·A		台班	—	0.090
	交流弧焊机 40kV·A		台班	2.160	—
	电动空气压缩机 10m³/min		台班	0.070	—

工作内容：1. 清底置换：地下墙接缝清刷，空压机吹气搅拌吸泥，清底置换等。

2. 浇注混凝土：浇捣架就位，导管安折，混凝土浇注，吸泥浆入池等。

编号				3-2-23	3-2-24
项目				浇捣混凝土连续墙	
				清底置换	浇注混凝土
				段	$10m^3$
名称			单位	消耗量	
人工	合计工日		工日	9.273	4.242
	其中	普工	工日	2.782	1.272
		一般技工	工日	5.100	2.333
		高级技工	工日	1.391	0.637
材料	水		m^3	—	5.710
	护壁泥浆		m^3	2.500	—
	预拌水下混凝土 C25		m^3	—	11.938
	其他材料费		%	2.00	2.00
机械	履带式起重机 15t		台班	1.035	0.127
	电动空气压缩机 $1m^3/min$		台班	2.240	—
	泥浆泵 100mm		台班	2.353	0.161

二、咬合灌注桩

工作内容：桩机移位，成孔、固壁，混凝土灌注、养护，套管压拔等。　　　**计量单位：**$10m^3$

编　　号				3-2-25	3-2-26
项　　目				咬合灌注桩	
				成孔	灌注混凝土
名　　称			单位	消　耗　量	
人工	合计工日		工日	5.199	3.369
	其中	普工	工日	1.560	1.011
		一般技工	工日	2.859	1.853
		高级技工	工日	0.780	0.505
材料	预拌水下混凝土 C20		m^3	—	10.747
	铁件（综合）		kg	10.500	—
	枕木		m^3	0.040	—
	导管		kg	—	3.800
	六角螺栓		kg	—	0.410
	其他材料费		%	—	1.00
机械	钻孔咬合桩机		台班	1.070	0.511
	电动多级离心清水泵 100mm 120m 以下		台班	0.984	—
	履带式起重机 15t		台班	—	0.511

三、型钢水泥土搅拌墙

工作内容：钻机移位，钻进，浆液制作、运输、压浆，搅拌、成桩等。　　**计量单位：**$10m^3$

				3-2-27	3-2-28	3-2-29
编号				3-2-27	3-2-28	3-2-29
项目				三轴水泥土搅拌墙	五轴水泥土搅拌墙	水泥掺量 每增减 1%
				水泥掺量 20%		
名称			单位	消耗量		
人工	合计工日		工日	1.344	1.571	—
	其中	普工	工日	0.404	0.471	—
		一般技工	工日	0.739	0.864	—
		高级技工	工日	0.201	0.236	—
材料	水泥 P·O 42.5		t	3.672	3.672	0.183
	枕木		m^3	0.005	0.005	—
	水		m^3	10.000	10.000	0.830
机械	挤压式灰浆输送泵 $3m^3/h$		台班	0.230	—	—
	三轴搅拌桩机 850mm		台班	0.230	—	—
	五轴搅拌桩机		台班	—	0.200	—
	灰浆搅拌机 200L		台班	0.230	—	—
	电动空气压缩机 $10m^3/min$		台班	0.230	—	—
	全自动灰浆搅拌系统		台班	—	0.200	—

工作内容：桩机就位箱体、放护筒、定位、下切割箱体、拌制膨润土、上下左右移动切割、拌制水泥浆来回切割三遍、移位。

计量单位：$10m^3$

编号				3-2-30
项目				渠式切割深层搅拌地下水泥土连续墙（TRD）
				TRD 工法搅拌
名称			单位	消耗量
人工	合计工日		工日	4.944
	其中	普工	工日	1.483
		一般技工	工日	2.719
		高级技工	工日	0.742
材料	水泥 P·O 42.5		t	3.272
	硅酸钠（水玻璃）		kg	41.400
	水		m^3	5.500
	膨润土		kg	900.000
	金属周转材料		kg	128.880
	其他材料费		%	1.50
机械	超声波测壁机		台班	0.124
	履带式单斗液压挖掘机 $1m^3$		台班	0.333
	灰浆搅拌机 400L		台班	0.276
	挤压式灰浆输送泵 $5m^3/h$		台班	0.276
	电动空气压缩机 $20m^3/min$		台班	0.276
	履带式起重机 100t		台班	0.152
	TRD 搅拌桩机		台班	0.428

工作内容：型钢插拔。 **计量单位：**t

编号				3-2-31
项目				插拔型钢
名称			单位	消耗量
人工	合计工日		工日	0.869
	其中	普工	工日	0.260
		一般技工	工日	0.478
		高级技工	工日	0.131
材料	型钢(综合)		t	0.250
	低合金钢焊条 E43系列		kg	5.165
	枕木		m^3	0.002
	氧气		m^3	2.582
	乙炔气		kg	0.993
机械	液压机 2 000kN		台班	0.057
	履带式起重机 40t		台班	0.106
	交流弧焊机 32kV·A		台班	0.068
	立式油压千斤顶 200t		台班	0.113
	电焊条烘干箱 45×35×45(cm^3)		台班	0.007

四、锚杆(索)

工作内容： 1. 锚杆(索)钻孔压浆：搭拆操作平台、坡面清理、定位、钻孔、压浆等。
2. 锚杆(索)制作、安装及张拉：制作、安装、张拉锚固。
3. 锚墩、承压板制作、安装：制作、安装、锚固，防锈处理等。

编　号				3-2-32	3-2-33	3-2-34	3-2-35	3-2-36
项　目				锚杆		锚索		
				钻孔、压浆	制作、安装及张拉	钻孔、压浆	制作、安装及张拉	锚墩、承压板制作、安装
				10m	t	10m	t	10套
名　称			单位	消　耗　量				
人工	合计工日		工日	2.677	17.637	3.031	40.793	35.207
	其中	普工	工日	0.803	5.291	0.909	12.238	10.562
		一般技工	工日	1.472	9.700	1.667	22.436	19.364
		高级技工	工日	0.402	2.646	0.455	6.119	5.281
材料	圆木桩		m^3	0.010	—	0.010	—	—
	板枋材		m^3	—	—	—	—	0.050
	石油沥青 10#		kg	—	—	—	—	19.000
	速凝剂		kg	1.000	—	2.000	—	—
	钢筋 ϕ10 以内		kg	—	—	—	51.500	—
	钢筋 ϕ10 以外		kg	—	1 091.000	—	—	—
	钢绞线(综合)		t	—	—	—	1.030	—
	钢板(综合)		kg	—	38.570	—	—	98.280
	波纹管		kg	—	—	—	36.900	—
	钢绞线群锚		套	—	—	—	8.601	—
	铁件(综合)		kg	—	—	—	19.330	12.700
	防锈漆		kg	—	—	—	—	1.000
	聚氯乙烯软管 $D20\times2.5$		m	—	—	—	233.900	—
	垫圈(综合)		kg	—	33.460	—	—	—
	扩孔钻头		个	0.020	—	0.020	—	—
	合金刀片		kg	0.500	—	—	—	—
	低合金钢焊条 E43 系列		kg	—	2.930	—	8.710	—
	预拌混凝土 C30		m^3	—	0.179	—	—	0.428
	预拌砂浆(干拌)		m^3	0.130	—	0.220	—	—
	水		m^3	0.352	—	—	—	—
	其他材料费		%	2.00	0.50	2.00	2.00	1.00
机械	工程地质液压钻机		台班	0.784	—	1.180	—	—
	电动修钎机		台班	0.164	—	0.250	—	—
	电动空气压缩机 10m^3/min		台班	0.181	—	0.267	—	—
	气动灌浆机		台班	0.146	—	0.250	—	—
	汽车式起重机 8t		台班	—	0.037	—	—	—
	电动单筒慢速卷扬机 10kN		台班	—	0.138	—	1.501	—
	钢筋切断机 40mm		台班	—	0.132	—	—	—
	钢筋弯曲机 40mm		台班	—	0.179	—	—	—
	交流弧焊机 32kV·A		台班	—	0.318	—	0.491	—
	半自动切割机 100mm		台班	—	—	—	0.162	—
	预应力钢筋拉伸机 650kN		台班	—	—	—	3.468	—
	高压油泵 80MPa		台班	—	—	—	3.468	—
	电焊条烘干箱 $45\times35\times45$(cm^3)		台班	—	0.032	—	0.063	—
	干混砂浆罐式搅拌机		台班	0.005	—	0.009	—	—

五、土　　钉

工作内容： 搭折操作平台、选眼位、打眼、洗眼，土钉制作、安装，调制砂浆、灌浆、封口等。

计量单位：10m

编号				3-2-37	3-2-38
项目				砂浆土钉	钢管护坡土钉
名称			单位	消耗量	
人工	合计工日		工日	0.970	1.409
	其中	普工	工日	0.291	0.423
		一般技工	工日	0.534	0.775
		高级技工	工日	0.145	0.211
材料	水泥 P·O 42.5		kg	30.590	98.000
	板枋材		m^3	0.010	—
	砂子（中粗砂）		m^3	0.040	—
	钢筋 ϕ10 以外		kg	31.290	—
	钢板（综合）		kg	5.890	—
	合金钢钻头		个	0.300	—
	镀锌钢管 *DN*65		m	—	10.200
	水		m^3	0.381	—
	其他材料费		%	0.50	1.50
机械	气腿式风动凿岩机		台班	0.312	0.312
	电动空气压缩机 10m^3/min		台班	0.060	—
	气动灌浆机		台班	0.026	0.172
	灰浆搅拌机 200L		台班	0.009	0.189
	电动修钎机		台班	0.043	—

六、喷射混凝土

工作内容：钢筋网制作、挂网、绑扎点焊；基层清理、喷射混凝土、收回弹料、找平面层等。

编号				3-2-39	3-2-40	3-2-41	3-2-42	3-2-43
项目				喷射混凝土挂网	喷射混凝土支护无筋		喷射混凝土支护有筋	
				制作、安装	初喷 5cm	每增加 1cm	初喷 5cm	每增加 1cm
				t	$100m^2$			
名称			单位	消耗量				
人工	合计工日		工日	8.184	11.582	1.247	14.477	1.557
	其中	普工	工日	2.455	3.475	0.374	4.343	0.467
		一般技工	工日	4.501	6.370	0.686	7.962	0.856
		高级技工	工日	1.228	1.737	0.187	2.172	0.234
材料	钢筋 ϕ10 以内		t	1.020	—	—	—	—
	低合金钢焊条 E43 系列		kg	10.200	—	—	—	—
	镀锌铁丝 ϕ1.2~0.7		kg	0.800	—	—	—	—
	喷射混凝土 1∶2.5∶2		m^3	—	5.750	1.100	5.750	1.100
	高压胶皮风管 ϕ25-6P-20m		m	—	1.500	0.200	5.750	0.200
	其他材料费		%	1.00	2.00	1.50	2.00	1.50
机械	钢筋调直机 14mm		台班	0.165	—	—	—	—
	钢筋切断机 40mm		台班	0.157	—	—	—	—
	交流弧焊机 32kV·A		台班	2.681	—	—	—	—
	混凝土湿喷机 $5m^3/h$		台班	—	0.755	0.151	0.944	0.189
	电动空气压缩机 $10m^3/min$		台班	—	0.689	0.138	0.861	0.172
	电焊条烘干箱 45×35×45(cm^3)		台班	0.268	—	—	—	—

七、骨架护坡(格构护坡)

工作内容: 整理边坡,石料运输,浆砌、养护。　　　　**计量单位:** $10m^3$

编　号			3-2-44
项　目			格构护坡
			浆砌块石骨架
名　称		单位	消　耗　量
人工	合计工日	工日	14.017
	其中 普工	工日	4.205
	其中 一般技工	工日	7.709
	其中 高级技工	工日	2.103
材料	预拌砂浆(干拌)	m^3	3.670
	片石	m^3	11.660
	水	m^3	1.500
	其他材料费	%	1.50

工作内容: 1. 混凝土:整理边坡,混凝土运输、浇筑、抹平,养护等。
2. 模板:模板制作、安装、涂脱模剂,模板拆除、修理、整堆等。

编　号			3-2-45	3-2-46
项　目			格构护坡	
			现浇混凝土骨架	现浇混凝土骨架模板
			$10m^3$	$10m^2$
名　称		单位	消　耗　量	
人工	合计工日	工日	14.153	2.502
	其中 普工	工日	4.246	0.751
	其中 一般技工	工日	7.784	1.376
	其中 高级技工	工日	2.123	0.375
材料	预拌混凝土 C20	m^3	10.100	—
	水	m^3	2.500	—
	板枋材	m^3	—	0.153
	圆钉	kg	—	0.946
	脱模剂	kg	—	1.100
	模板嵌缝料	kg	—	0.550
	其他材料费	%	1.50	—
机械	木工圆锯机 500mm	台班	—	0.123

工作内容：整理边坡，预制块运输、砌筑、养护。　　**计量单位：**$10m^3$

编　号				3-2-47
项　目				格构护坡
				预制骨架
名　称			单位	消　耗　量
人工	合计工日		工日	11.793
	其中	普工	工日	3.538
		一般技工	工日	6.486
		高级技工	工日	1.769
材料	预制混凝土构件		m^3	10.100
	水		m^3	0.500
	其他材料费		%	1.50

第三章　现浇混凝土构件

说 明

一、本章包括垫层，混凝土基础，混凝土承台，混凝土墩(台)帽，混凝土墩(台)身，混凝土支撑梁及横梁，混凝土墩(台)盖梁，混凝土拱桥，混凝土梁，混凝土板，混凝土挡墙，混凝土小型构件，桥面铺装，混凝土桥头搭板，钢管拱肋混凝土，桥涵支架，挂篮制作、安拆、推移，混凝土输送及泵管安拆使用，复合模板及定型钢模，高架桥异型钢模板等项目。

二、本章适用于桥涵工程现浇各种混凝土构筑物。

三、本章项目均未包括预埋铁件，如设计要求预埋铁件时，执行其他分册相关项目。

四、本章项目毛石混凝土的块石含量为15%，如与设计不同时可以换算，但人工、机械不做调整。

五、承台分有底模及无底模两种，应按不同的施工方法执行本章相应项目。

六、项目混凝土按常用强度等级列出，如设计要求不同时可以换算。

七、钢纤维混凝土中的钢纤维含量，如设计含量不同时可以相应调整。

八、本章项目模板按部位取定了木模、工具式钢模(除防撞护栏采用定型模外)，并结合桥梁实际情况综合了不分部位的复合模板与定型钢模项目。

九、定型钢模板数量包括配件在内，接缝的橡胶板费用已摊入定型钢模板单价中。

十、现浇梁、板等模板项目均已包括铺筑底模内容，但不包括支架部分，如发生时执行本章有关项目。

十一、支架预压中的尼龙编织袋规格为900mm×900mm×1 100mm，如与设计不同时可以换算。

十二、桥梁支架不包括底模及地基加固。

十三、挂篮与0号块扇形支架场外运输费用另行计算。

十四、钢管柱支架指采用直径大于300mm的钢管作为立柱，在立柱上采用金属构件搭设水平支撑平台的支架，其中下部指立柱顶面以下部分，上部指立柱顶面以上部分。

十五、高架桥异型钢模板指厚度在6mm以上、定制加工且设计截面尺寸不规则的模板，其消耗量按6次摊销考虑，各省市自行考虑回收利用残值。

十六、现浇混凝土构件项目中的混凝土均按自然养护考虑，如采用蒸汽养护时，应从各有关项目中按每10m^{3}扣减人工 1个工日，并按本册第四章中“蒸汽养护”有关项目计算。

工程量计算规则

一、混凝土工程量按设计尺寸以实体积计算（不包括空心板、梁的空心体积），不扣除钢筋、铁丝、铁件、预留压浆孔道和螺栓所占的体积。

二、模板工程量按模板接触混凝土的面积计算。

三、现浇混凝土墙、板上单孔面积在 $0.3m^2$ 以内的孔洞不予扣除，洞侧壁模板面积亦不再计算；单孔面积在 $0.3m^2$ 以上时应予扣除，洞侧壁模板面积并入墙、板模板工程量之内计算。

四、桥涵拱盔、支架空间体积计算：

1. 桥涵拱盔体积按起拱线以上弓形侧面积乘以（桥宽 +2m）计算。

2. 桥涵支架体积以结构底到原地面（水上支架为水上支架平台顶面）平均高度乘以纵向距离再乘以（桥宽 +2m）计算。

五、支架堆载预压按设计要求计算，设计未规定时按支架承载的梁体设计重量乘以系数 1.10 计算。

六、装配式钢支架只含万能杆件摊销量，其使用费（t·d）由各地区、部门自定，工程量按每立方米空间体积 125kg 计算。

七、满堂式钢管支架只含搭拆，使用费（t·d）由各地区、部门自行制定调整办法，工程量按每立方米空间体积 50kg 计算（包括扣件等）。

八、0 号块扇形支架安拆工程量按顶面梁宽计算。边跨采用挂篮施工时，其合拢段扇形支架的安拆工程量按梁宽的 50% 计算。

九、钢管柱支架下部按立柱设计尺寸以质量计算，立柱间横向联系构件已综合考虑，不得重复计算。钢管柱支架上部按设计图示金属构件尺寸以质量计算。

十、项目的挂篮形式为自锚式无压重钢挂篮，钢挂篮重量按设计要求确定。推移工程量按挂篮质量乘以推移距离以“t·m”计算，推移距离按混凝土节段长度计算。

十一、混凝土输送及泵管安拆使用：

1. 混凝土输送按混凝土相应子目的混凝土消耗量以体积计算，若采用多级输送时，工程量应分级计算。

2. 泵管安拆按实际需要的长度以“m”为单位计算。

3. 泵管使用以延长米“m·d”为单位计算。

十二、高架桥异型钢模板按设计图示以面积计算。

十三、防撞墙悬挑支架按防撞护栏的长度计算。

一、垫　　层

工作内容： 1. 碎石：安放流槽，碎石装运、找平等。

2. 混凝土：混凝土浇筑、捣固、抹平、养护等。

计量单位： $10m^3$

编　号				3-3-1	3-3-2
项　目				垫层	
				碎石	混凝土
名　称			单位	消　耗　量	
人工	合计工日		工日	2.975	2.940
	其中	普工	工日	1.189	1.176
		一般技工	工日	1.488	1.470
		高级技工	工日	0.298	0.294
材料	预拌混凝土 C20		m^3	—	10.100
	碎石 30~50		m^3	2.516	—
	碎石 50~80		m^3	10.200	—
	水		m^3	—	2.100

二、混凝土基础

工作内容：1. 混凝土：装、运、抛块石，混凝土浇筑、捣固、抹平、养护等。
2. 模板：模板制作、安装、涂脱模剂，模板拆除、修理、整堆、模板运输等。

编号				3-3-3	3-3-4	3-3-5
项目				混凝土基础		
				毛石混凝土	混凝土	模板
				10m³		10m²
名称			单位	消耗量		
人工	合计工日		工日	2.592	2.472	1.528
	其中	普工	工日	1.037	0.989	0.611
		一般技工	工日	1.296	1.236	0.764
		高级技工	工日	0.259	0.247	0.153
材料	预拌混凝土 C20		m³	8.587	10.100	—
	块石		m³	2.430	—	—
	无纺土工布		m²	1.279	1.279	—
	水		m³	1.659	1.659	—
	电		kW·h	4.114	4.457	—
	组合钢模板		kg	—	—	6.370
	钢支撑		kg	—	—	2.510
	钢模板连接件		kg	—	—	13.010
	板枋材		m³	—	—	0.030
	圆钉		kg	—	—	0.240
	脱模剂		kg	—	—	1.000
	模板嵌缝料		kg	—	—	0.500
机械	履带式电动起重机 5t		台班	0.280	0.351	—
	载重汽车 8t		台班	—	—	0.044
	汽车式起重机 8t		台班	—	—	0.014

三、混凝土承台

工作内容：1. 混凝土：混凝土浇筑、捣固、抹平、养护等。

2. 模板：模板制作、安装、涂脱模剂，模板拆除、修理、整堆、模板运输等。

编　号				3-3-6	3-3-7	3-3-8
项　目				承台		
				混凝土	模板（无底模）	模板（有底模）
				10m³	10m²	
名　称			单位	消　耗　量		
人工	合计工日		工日	3.026	1.898	2.410
	其中	普工	工日	1.210	0.759	0.964
		一般技工	工日	1.513	0.949	1.205
		高级技工	工日	0.303	0.190	0.241
材料	预拌混凝土 C30		m^3	10.100	—	—
	无纺土工布		m^2	1.998	—	—
	水		m^3	2.615	—	—
	板枋材		m^3	—	0.036	0.208
	圆钉		kg	—	0.450	0.990
	脱模剂		kg	—	1.000	1.000
	铁件（综合）		kg	—	—	1.630
	钢支撑		kg	—	4.820	—
	组合钢模板		kg	—	6.370	—
	钢模板连接件		kg	—	2.570	—
	电		kW·h	4.190	—	—
	模板嵌缝料		kg	—	0.500	0.500
机械	履带式电动起重机 5t		台班	—	—	0.234
	木工圆锯机 500mm		台班	—	—	0.129
	载重汽车 4t		台班	—	0.049	0.030
	汽车式起重机 8t		台班	—	0.008	—

四、混凝土墩(台)帽

工作内容: 1. 混凝土:混凝土浇筑、捣固、抹平、养护等。
2. 模板:模板制作、安装、涂脱模剂,模板拆除、修理、整堆、模板运输等。

编号				3-3-9	3-3-10	3-3-11	3-3-12
项目				墩帽		台帽	
				混凝土	模板	混凝土	模板
				$10m^3$	$10m^2$	$10m^3$	$10m^2$
名称			单位	消耗量			
人工	合计工日		工日	3.757	3.091	3.660	3.000
	其中	普工	工日	1.503	1.236	1.464	1.200
		一般技工	工日	1.879	1.546	1.830	1.500
		高级技工	工日	0.375	0.309	0.366	0.300
材料	预拌混凝土 C30		m^3	10.100	—	10.100	—
	无纺土工布		m^2	2.350	—	2.058	—
	水		m^3	3.665	—	4.179	—
	板枋材		m^3	—	0.195	—	0.234
	电		kW·h	5.790	—	5.638	—
	圆钉		kg	—	1.390	—	0.800
	脱模剂		kg	—	1.000	—	1.000
	模板嵌缝料		kg	—	0.500	—	0.500
机械	履带式电动起重机 5t		台班	—	0.324	—	0.306
	木工圆锯机 500mm		台班	—	0.146	—	0.146
	载重汽车 4t		台班	—	0.028	—	0.034

五、混凝土墩(台)身

工作内容：1. 混凝土：混凝土浇筑、捣固、抹平、养护等。

2. 模板：模板制作、安装、涂脱模剂，模板拆除、修理、整堆、模板运输等。

编号				3-3-13	3-3-14	3-3-15	3-3-16	3-3-17	3-3-18
项目				轻型桥台		实体式桥台		拱桥墩身	
				混凝土	模板	混凝土	模板	混凝土	模板
				$10m^3$	$10m^2$	$10m^3$	$10m^2$	$10m^3$	$10m^2$
名称			单位	消耗量					
人工	合计工日		工日	4.718	2.358	3.543	3.000	3.774	2.670
	其中	普工	工日	1.887	0.943	1.417	1.200	1.510	1.068
		一般技工	工日	2.359	1.179	1.772	1.500	1.887	1.335
		高级技工	工日	0.472	0.236	0.354	0.300	0.377	0.267
材料	预拌混凝土 C30		m^3	10.100	—	10.100	—	10.100	—
	板枋材		m^3	—	0.161	—	0.032	—	0.171
	无纺土工布		m^2	0.396	—	0.405	—	0.316	—
	水		m^3	2.850	—	1.171	—	0.880	—
	电		kW·h	8.076	—	5.638	—	4.800	—
	圆钉		kg	—	0.480	—	0.100	—	0.820
	铁件(综合)		kg	—	1.150	—	7.920	—	16.550
	脱模剂		kg	—	1.000	—	1.000	—	1.000
	模板嵌缝料		kg	—	0.500	—	0.500	—	0.500
	组合钢模板		kg	—	—	—	6.372	—	—
	钢模板连接件		kg	—	—	—	2.570	—	—
	钢支撑		kg	—	—	—	4.820	—	—
	尼龙帽		个	—	—	—	3.500	—	—
机械	履带式电动起重机 5t		台班	—	0.243	—	0.324	—	0.126
	木工圆锯机 500mm		台班	—	0.120	—	—	—	0.249
	载重汽车 4t		台班	—	0.023	—	0.049	—	0.025
	汽车式起重机 8t		台班	—	—	—	0.008	—	—

工作内容：1. 混凝土：混凝土浇筑、捣固、抹平、养护等。
2. 模板：模板制作、安装、涂脱模剂，模板拆除、修理、整堆、模板运输等。

编号				3-3-19	3-3-20	3-3-21	3-3-22
项目				拱桥台身		柱式墩台身	
				混凝土	模板	混凝土	模板
				$10m^3$	$10m^2$	$10m^3$	$10m^2$
名称			单位	消耗量			
人工	合计工日		工日	3.931	2.593	5.110	4.869
	其中	普工	工日	1.572	1.037	2.044	1.948
		一般技工	工日	1.966	1.296	2.555	2.434
		高级技工	工日	0.393	0.260	0.511	0.487
材料	预拌混凝土 C30		m^3	10.100	—	10.100	—
	无纺土工布		m^2	0.434	—	—	—
	塑料薄膜		m^2	—	—	21.475	—
	水		m^3	0.850	—	2.804	—
	电		kW·h	5.333	—	7.238	—
	板枋材		m^3	—	0.296	—	0.038
	圆钉		kg	—	1.430	—	0.350
	铁件（综合）		kg	—	11.270	—	6.870
	脱模剂		kg	—	1.000	—	1.000
	模板嵌缝料		kg	—	0.500	—	0.500
	组合钢模板		kg	—	—	—	6.370
	钢模板连接件		kg	—	—	—	2.570
	钢支撑		kg	—	—	—	9.390
	尼龙帽		个	—	—	—	3.570
机械	履带式电动起重机 5t		台班	—	0.290	—	—
	木工圆锯机 500mm		台班	—	0.120	—	—
	载重汽车 4t		台班	—	0.043	—	0.064
	汽车式起重机 8t		台班	—	—	—	0.011

六、混凝土支撑梁及横梁

工作内容：1. 混凝土：混凝土浇筑、捣固、抹平、养护等。

2. 模板：模板制作、安装、涂脱模剂，模板拆除、修理、整堆、模板运输等。

编　号				3-3-23	3-3-24	3-3-25	3-3-26
项　目				支撑梁		横梁	
				混凝土	模板	混凝土	模板
				$10m^3$	$10m^2$	$10m^3$	$10m^2$
名　称			单位	消　耗　量			
人工	合计工日		工日	3.209	2.722	3.029	2.737
	其中	普工	工日	1.284	1.089	1.211	1.095
		一般技工	工日	1.604	1.361	1.515	1.368
		高级技工	工日	0.321	0.272	0.303	0.274
材料	预拌混凝土 C30		m^3	10.100	—	10.100	—
	无纺土工布		m^2	5.175	—	2.589	—
	水		m^3	10.784	—	5.492	—
	板枋材		m^3	—	0.209	—	0.194
	圆钉		kg	—	0.880	—	2.130
	脱模剂		kg	—	1.000	—	1.000
	电		kW·h	4.190	—	4.190	—
	模板嵌缝料		kg	—	0.500	—	0.500
机械	履带式电动起重机 5t		台班	—	0.180	—	0.243
	木工圆锯机 500mm		台班	—	0.129	—	0.129
	载重汽车 4t		台班	—	0.030	—	0.028

七、混凝土墩(台)盖梁

工作内容: 1. 混凝土:混凝土浇筑、捣固、抹平、养护等。
2. 模板:模板制作、安装、涂脱模剂,模板拆除、修理、整堆、模板运输等。

编号				3-3-27	3-3-28	3-3-29	3-3-30
项目				墩盖梁		台盖梁	
				混凝土	模板	混凝土	模板
				$10m^3$	$10m^2$	$10m^3$	$10m^2$
名称			单位	消耗量			
人工	合计工日		工日	3.757	3.780	3.660	4.158
	其中	普工	工日	1.503	1.512	1.464	1.663
		一般技工	工日	1.879	1.890	1.830	2.079
		高级技工	工日	0.375	0.378	0.366	0.416
材料	预拌混凝土 C30		m^3	10.100	—	10.100	—
	无纺土工布		m^2	1.604	—	1.638	—
	水		m^3	3.297	—	3.486	—
	板枋材		m^3	—	0.033	—	0.040
	组合钢模板		kg	—	6.370	—	6.370
	钢支撑		kg	—	5.010	—	5.010
	钢模板连接件		kg	—	2.570	—	2.570
	电		kW·h	5.867	—	5.638	—
	圆钉		kg	—	0.310	—	0.200
	铁件(综合)		kg	—	0.080	—	0.200
	脱模剂		kg	—	1.000	—	1.000
	模板嵌缝料		kg	—	0.500	—	0.500
机械	履带式电动起重机 5t		台班	—	0.513	—	0.567
	木工圆锯机 500mm		台班	—	0.275	—	0.310
	载重汽车 4t		台班	—	0.049	—	0.050
	汽车式起重机 8t		台班	—	0.008	—	0.008

八、混凝土拱桥

工作内容：1. 混凝土：混凝土浇筑、捣固、抹平、养护等。
2. 模板：模板制作、安装、涂脱模剂，模板拆除、修理、整堆、模板运输等。

编　号				3-3-31	3-3-32	3-3-33	3-3-34	3-3-35	3-3-36
项　目				拱座		拱肋		拱上构件	
				混凝土	模板	混凝土	模板	混凝土	模板
				$10m^3$	$10m^2$	$10m^3$	$10m^2$	$10m^3$	$10m^2$
名　称			单位	消　耗　量					
人工	合计工日		工日	5.732	8.134	7.044	4.974	8.041	5.594
	其中	普工	工日	2.293	3.254	2.817	1.990	3.216	2.238
		一般技工	工日	2.866	4.067	3.522	2.487	4.021	2.797
		高级技工	工日	0.573	0.813	0.705	0.497	0.804	0.559
材料	预拌混凝土 C30		m^3	10.100	—	10.100	—	—	—
	混凝土 C25		m^3	—	—	—	—	10.100	—
	无纺土工布		m^2	1.086	—	—	—	8.999	—
	塑料薄膜		m^2	—	—	26.555	—	—	—
	水		m^3	2.070	—	4.400	—	15.790	—
	板枋材		m^3	—	0.189	—	0.168	—	0.196
	铁件（综合）		kg	—	1.380	—	—	—	—
	圆钉		kg	—	2.730	—	0.820	—	0.670
	脱模剂		kg	—	1.000	—	1.000	—	1.000
	电		kW·h	8.381	—	11.886	—	19.848	—
	模板嵌缝料		kg	—	0.500	—	0.500	—	0.500
机械	木工圆锯机 500mm		台班	—	0.404	—	0.353	—	—
	载重汽车 4t		台班	—	0.027	—	0.024	—	0.028

工作内容：1. 混凝土：混凝土浇筑、捣固、抹平、养护等。

2. 模板：模板制作、安装、涂脱模剂，模板拆除、修理、整堆、模板运输等。

编号				3-3-37	3-3-38
项目				板拱	
				混凝土	模板
				$10m^3$	$10m^2$
名称			单位	消耗量	
人工	合计工日		工日	5.746	4.566
	其中	普工	工日	2.298	1.826
		一般技工	工日	2.873	2.283
		高级技工	工日	0.575	0.457
材料	预拌混凝土 C30		m^3	10.100	—
	无纺土工布		m^2	5.180	—
	水		m^3	5.200	—
	板枋材		m^3	—	0.172
	圆钉		kg	—	0.680
	脱模剂		kg	—	1.000
	电		kW·h	12.686	—
	模板嵌缝料		kg	—	0.500
机械	履带式电动起重机 5t		台班	—	0.225
	木工圆锯机 500mm		台班	—	0.267
	载重汽车 4t		台班	—	0.250

九、混 凝 土 梁

工作内容: 1. 混凝土:混凝土浇筑、捣固、抹平、养护等。
2. 模板:模板制作、安装、涂脱模剂,模板拆除、修理、整堆、模板运输等。

编　号				3-3-39	3-3-40	3-3-41	3-3-42	3-3-43	3-3-44
项　目				现浇混凝土0号块件		悬浇混凝土箱梁		支架上现浇混凝土箱梁	
				混凝土	模板	混凝土	模板	混凝土	模板
				$10m^3$	$10m^2$	$10m^3$	$10m^2$	$10m^3$	$10m^2$
名　称			单位	消　耗　量					
人工	合计工日		工日	5.872	9.414	7.671	7.536	6.487	5.663
	其中	普工	工日	2.349	3.765	3.069	3.015	2.595	2.265
		一般技工	工日	2.936	4.707	3.835	3.768	3.244	2.832
		高级技工	工日	0.587	0.942	0.767	0.753	0.648	0.566
材料	预拌混凝土 C40		m^3	10.100	—	10.100	—	10.100	—
	无纺土工布		m^2	2.150	—	2.637	—	2.813	—
	中厚钢板 δ15 以内		kg	4.000	—	5.000	—	7.000	—
	水		m^3	4.505	—	5.502	—	5.828	—
	板枋材		m^3	—	0.205	—	0.215	—	0.196
	铁件(综合)		kg	—	1.036	—	0.592	—	1.144
	圆钉		kg	—	1.050	—	0.856	—	0.768
	脱模剂		kg	—	1.000	—	1.000	—	1.000
	电		kW·h	26.667	—	23.848	—	37.324	—
	模板嵌缝料		kg	—	0.500	—	0.500	—	0.500
机械	履带式电动起重机 5t		台班	—	0.372	—	0.338	—	0.252
	木工圆锯机 500mm		台班	—	0.952	—	0.864	—	0.648
	载重汽车 4t		台班	—	0.030	—	0.031	—	0.028

工作内容: 1. 混凝土:混凝土浇筑、捣固、抹平、养护等。
2. 模板:模板制作、安装、涂脱模剂,模板拆除、修理、整堆、模板运输等。

编号				3-3-45	3-3-46	3-3-47	3-3-48
项目				实心板梁		空心板梁	
				混凝土	模板	混凝土	模板
				$10m^3$	$10m^2$	$10m^3$	$10m^2$
名称			单位	消耗量			
人工	合计工日		工日	3.982	3.091	4.790	4.756
	其中	普工	工日	1.593	1.236	1.916	1.903
		一般技工	工日	1.991	1.546	2.395	2.378
		高级技工	工日	0.398	0.309	0.479	0.475
材料	预拌混凝土 C30		m^3	10.100	—	10.100	—
	无纺土工布		m^2	1.942	—	2.767	—
	塑料薄膜		m^2	32.525	—	38.550	—
	水		m^3	1.995	—	4.809	—
	板枋材		m^3	—	0.029	—	0.164
	组合钢模板		kg	—	6.370	—	—
	钢支撑		kg	—	5.010	—	—
	钢模板连接件		kg	—	2.570	—	—
	电		kW·h	9.600	—	12.343	—
	圆钉		kg	—	0.740	—	1.320
	脱模剂		kg	—	1.000	—	1.000
	模板嵌缝料		kg	—	0.500	—	0.500
机械	履带式电动起重机 5t		台班	—	0.261	—	0.166
	木工圆锯机 500mm		台班	—	0.017	—	0.808
	载重汽车 4t		台班	—	0.049	—	0.024
	汽车式起重机 8t		台班	—	0.008	—	—

十、混 凝 土 板

工作内容：1. 混凝土：混凝土浇筑、捣固、抹平、养护等。

2. 模板：模板制作、安装、涂脱模剂，模板拆除、修理、整堆、模板运输等。

编号				3-3-49	3-3-50	3-3-51	3-3-52
项目				矩形实体连续板		矩形空心连续板	
				混凝土	模板	混凝土	模板
				$10m^3$	$10m^2$	$10m^3$	$10m^2$
名称			单位	消耗量			
人工	合计工日		工日	4.863	1.663	4.963	2.925
	其中	普工	工日	1.945	0.665	1.986	1.170
		一般技工	工日	2.432	0.832	2.481	1.463
		高级技工	工日	0.486	0.166	0.496	0.292
材料	预拌混凝土 C30		m^3	10.100	—	10.100	—
	无纺土工布		m^2	4.439	—	5.170	—
	水		m^3	4.410	—	9.240	—
	板枋材		m^3	—	0.027	—	0.147
	组合钢模板		kg	—	6.370	—	—
	钢支撑		kg	—	5.010	—	—
	钢模板连接件		kg	—	2.570	—	—
	电		kW·h	12.229	—	12.800	—
	铁件(综合)		kg	—	—	—	2.600
	圆钉		kg	—	0.160	—	0.390
	脱模剂		kg	—	1.000	—	1.000
	模板嵌缝料		kg	—	0.500	—	0.500
机械	履带式电动起重机 5t		台班	—	0.225	—	0.198
	木工圆锯机 500mm		台班	—	0.026	—	0.030
	载重汽车 4t		台班	—	0.049	—	0.021
	汽车式起重机 8t		台班	—	0.008	—	—

十一、混凝土挡墙

工作内容：1. 混凝土：混凝土浇筑、捣固、抹平、养护等。
2. 模板：模板制作、安装、涂脱模剂，模板拆除、修理、整堆、模板运输等。

编号				3-3-53	3-3-54	3-3-55	3-3-56
项目				挡墙墙身		挡墙压顶	
				混凝土	模板	混凝土	模板
				$10m^3$	$10m^2$	$10m^3$	$10m^2$
名称			单位	消耗量			
人工	合计工日		工日	3.244	2.080	1.230	3.006
	其中	普工	工日	1.298	0.832	0.492	1.202
		一般技工	工日	1.622	1.040	0.615	1.503
		高级技工	工日	0.324	0.208	0.123	0.301
材料	预拌混凝土 C30		m^3	10.100	—	10.100	—
	无纺土工布		m^2	0.328	—	6.273	—
	水		m^3	1.260	—	7.455	—
	组合钢模板		kg	—	5.900	—	—
	钢模板连接件		kg	—	2.380	—	—
	钢支撑		kg	—	5.580	—	—
	铁件（综合）		kg	—	10.140	—	—
	板枋材		m^3	—	0.026	—	0.140
	圆钉		kg	—	0.190	—	2.305
	脱模剂		kg	—	1.000	—	—
	模板嵌缝料		kg	—	0.500	—	—
	电		kW·h	6.971	—	5.200	—
	尼龙帽		个	—	3.570	—	—
机械	木工圆锯机 500mm		台班	—	—	—	0.117
	木工平刨床 500mm		台班	—	—	—	0.117
	载重汽车 4t		台班	—	0.042	—	0.022
	汽车式起重机 8t		台班	—	0.177	—	—

十二、混凝土小型构件

工作内容：1. 混凝土：混凝土浇筑、捣固、抹平、养护等。
2. 模板：模板制作、安装、涂脱模剂，模板拆除、修理、整堆、模板运输等。

编　号				3-3-57	3-3-58	3-3-59	3-3-60	3-3-61	3-3-62
项　目				楼梯		防撞护栏		立柱、端柱、灯柱	
				混凝土	模板	混凝土	模板	混凝土	模板
				$10m^3$	$10m^2$	$10m^3$	$10m^2$	$10m^3$	$10m^2$
名　称			单位	消　耗　量					
人工	合计工日		工日	2.208	8.417	6.949	3.318	16.670	5.020
	其中	普工	工日	0.883	3.367	2.780	1.327	6.668	2.008
		一般技工	工日	1.104	4.208	3.474	1.659	8.335	2.510
		高级技工	工日	0.221	0.842	0.695	0.332	1.667	0.502
材料	预拌混凝土 C30		m^3	10.100	—	10.100	—	10.100	—
	无纺土工布		m^2	1.004	—	0.738	—	—	—
	塑料薄膜		m^2	—	—	—	—	100.000	—
	圆钉		kg	—	0.260	—	—	—	0.970
	组合钢模板		kg	—	2.968	—	—	—	—
	钢模板连接件		kg	—	1.097	—	—	—	—
	钢模支撑		kg	—	1.788	—	—	—	—
	水		m^3	7.256	—	2.825	—	14.700	—
	板枋材		m^3	—	0.051	—	—	—	0.150
	定型钢模板		kg	—	—	—	11.890	—	—
	铁件(综合)		kg	—	—	—	—	—	4.790
	脱模剂		kg	—	—	—	1.000	—	1.000
	模板嵌缝料		kg	—	—	—	0.500	—	0.500
	电		kW·h	4.800	—	13.943	—	—	—
机械	履带式起重机 15t		台班	—	0.127	—	0.148	—	—
	木工圆锯机 500mm		台班	—	0.264	—	—	—	0.543
	木工平刨床 500mm		台班	—	0.236	—	—	—	—
	载重汽车 4t		台班	—	—	—	0.042	—	0.022
	汽车式起重机 8t		台班	—	—	—	0.177	—	—

工作内容：1. 混凝土：混凝土浇筑、捣固、抹平、养护等。

2. 模板：模板制作、安装、涂脱模剂，模板拆除、修理、整堆、模板运输等。

编号				3-3-63	3-3-64	3-3-65
项目				地梁、侧石、缘石	支座垫石	地梁、侧石、缘石、支座垫石
				混凝土		模板
				$10m^3$		$10m^2$
名称			单位	消耗量		
人工	合计工日		工日	14.650	6.378	2.275
	其中	普工	工日	5.860	2.551	0.910
		一般技工	工日	7.325	3.189	1.137
		高级技工	工日	1.465	0.638	0.228
材料	预拌混凝土 C30		m^3	10.100	10.100	—
	无纺土工布		m^2	5.177	6.033	—
	水		m^3	8.915	10.200	—
	板枋材		m^3	—	—	0.139
	圆钉		kg	—	—	0.860
	脱模剂		kg	—	—	1.000
	模板嵌缝料		kg	—	—	0.500
	电		kW·h	15.505	—	—
机械	木工圆锯机 500mm		台班	—	—	0.112
	载重汽车 4t		台班	—	—	0.020

十三、桥 面 铺 装

工作内容：混凝土浇筑、捣固、抹平、养护等。　　　　**计量单位：**10m³

编号				3-3-66	3-3-67	3-3-68	3-3-69
项目				桥面混凝土铺筑			伸缩缝钢纤维混凝土
				整体化层	人行道	车行道	
名称			单位	消耗量			
人工	合计工日		工日	6.526	2.495	2.686	2.820
	其中	普工	工日	2.610	0.998	1.074	1.128
		一般技工	工日	3.264	1.248	1.343	1.410
		高级技工	工日	0.652	0.249	0.269	0.282
材料	预拌混凝土 C30		m^3	10.100	10.100	10.100	—
	预拌混凝土 C40		m^3	—	—	—	10.100
	型钢（综合）		kg	1.000	—	—	—
	无纺土工布		m^2	31.070	31.070	31.070	31.070
	钢纤维		kg	—	—	—	505.000
	板枋材		m^3	0.019	0.007	0.017	0.017
	水		m^3	15.000	13.580	29.400	29.400
	脱模剂		kg	0.165	0.060	0.150	0.150
	电		kW·h	9.428	7.543	8.571	8.571
	模板嵌缝料		kg	0.088	0.030	0.080	0.080

十四、混凝土桥头搭板

工作内容：1. 混凝土：混凝土浇筑、捣固、抹平、养护等。

2. 模板：模板制作、安装、涂脱模剂，模板拆除、修理、整堆、模板运输等。

编号				3-3-70	3-3-71
项目				搭板	
				混凝土	模板
				$10m^3$	$10m^2$
名称			单位	消耗量	
人工	合计工日		工日	3.384	2.254
	其中	普工	工日	1.353	0.902
		一般技工	工日	1.692	1.127
		高级技工	工日	0.339	0.225
材料	预拌混凝土 C30		m^3	10.100	—
	无纺土工布		m^2	6.667	—
	板枋材		m^3	—	0.015
	脱模剂		kg	—	0.525
	水		m^3	4.410	—
	组合钢模板		kg	—	3.248
	电		kW·h	12.840	—
	模板嵌缝料		kg	—	0.250
	钢模支撑		kg	—	2.556
	钢模板连接件		kg	—	1.226
	圆钉		kg	—	0.084
机械	木工圆锯机 500mm		台班	—	0.010
	木工平刨床 500mm		台班	—	0.010
	载重汽车 4t		台班	—	0.043
	汽车式起重机 8t		台班	—	0.014

十五、钢管拱肋混凝土

工作内容：安装进料管、增压管，钻气孔，安装导管，砂浆润滑，混凝土浇筑。　　**计量单位：**$10m^3$

编　号				3-3-72
项　目				钢管拱肋混凝土
名　称			单位	消　耗　量
人工	合计工日		工日	4.500
	其中	普工	工日	1.800
		一般技工	工日	2.250
		高级技工	工日	0.450
材料	预拌混凝土 C40		m^3	10.100
	钢丝绳		kg	0.010
	低合金钢焊条 E43 系列		kg	2.500
	焊接钢管（综合）		t	0.044
	其他材料费		%	1.50
机械	电动单筒慢速卷扬机 50kN		台班	0.060
	交流弧焊机 32kV·A		台班	0.070

十六、桥 涵 支 架

工作内容：1. 支架预压：砂子装袋，堆载，卸载，清理等。
2. 木支架拱盔：支架制作，安装、拆除等。

编号				3-3-73	3-3-74	3-3-75	3-3-76	3-3-77
项目				支架预压	拱涵	拱桥	木支架	木垛
					木拱盔			
				10t	100m³空间体积			
名称			单位	消耗量				
人工	合计工日		工日	0.637	70.315	51.004	25.032	21.622
	其中	普工	工日	0.255	28.126	20.402	10.013	8.649
		一般技工	工日	0.319	35.157	25.502	12.516	10.811
		高级技工	工日	0.063	7.032	5.100	2.503	2.162
材料	原木		m^3	—	—	0.846	0.240	—
	板枋材		m^3	—	0.706	1.533	0.886	0.607
	圆钉		kg	—	3.510	1.870	3.740	—
	扒钉		kg	—	26.610	80.960	10.300	11.710
	砂子(中粗砂)		m^3	1.530	—	—	—	—
	尼龙编织袋		只	14.000	—	—	—	—
机械	木工圆锯机 500mm		台班	—	4.532	1.275	1.900	—
	履带式起重机 15t		台班	0.058	2.345	1.046	0.788	2.346

工作内容： 1. 钢管支架：平整场地；搭拆钢管支架；材料堆放，支架制作、安装、拆除等。
2. 装配式钢支架：安装；拆除，整理，堆放等。
3. 扇形支架：制作，安装，拆除，清理等。
4. 防撞墙悬挑支架：准备工作，焊接固定，搭拆支架，铺脚手板、安全网等。

编号			3-3-78	3-3-79	3-3-80	3-3-81	3-3-82
项目			满堂式钢管支架	装配式钢支架	0号块扇形支架制作	0号块扇形支架安拆	防撞墙悬挑支架
			100m³空间体积		t	m	10m
名称		单位	消耗量				
人工	合计工日	工日	13.148	49.798	17.167	18.881	7.848
	其中 普工	工日	5.259	19.919	6.867	7.552	3.139
	其中 一般技工	工日	6.574	24.899	8.583	9.441	3.924
	其中 高级技工	工日	1.315	4.980	1.717	1.888	0.785
材料	扇形支架	t	—	—	—	（3.252）	—
	原木	m^3	—	—	—	—	0.060
	脚手架钢管	kg	19.360	—	—	—	—
	脚手架钢管底座	个	0.310	—	—	—	—
	钢管脚手架扣件	个	6.203	—	—	—	—
	型钢（综合）	kg	—	—	—	—	17.000
	焊接钢管（综合）	t	—	—	—	—	0.002
	硬垫木	m^3	—	—	—	—	0.003
	六角螺栓	kg	—	—	—	—	17.200
	低合金钢焊条 E43系列	kg	—	—	40.229	8.190	10.640
	铁丝 ϕ2.8~4.0	kg	—	—	—	—	1.000
	安全网	m^2	—	—	—	—	0.260
	万能杆件	t	—	0.063	—	—	—
	型钢（综合）	t	—	—	1.060	—	—
	乙炔气	kg	—	—	1.485	1.250	—
	氧气	m^3	—	—	3.860	3.250	—
	防锈漆	kg	—	—	5.790	—	—
	调和漆	kg	—	—	3.540	—	—
	油漆溶剂油	kg	—	—	0.770	—	—
机械	交流弧焊机 32kV·A	台班	—	—	5.217	1.062	2.514
	汽车式起重机 8t	台班	—	2.495	0.159	—	—
	汽车式起重机 16t	台班	—	—	—	0.938	—
	电焊条烘干箱 45×35×45（cm^3）	台班	—	—	0.522	0.106	0.251

工作内容：地梁、门式钢支架、钢管塔、拆除，支架上帽梁安装、拆除。　　　　**计量单位：**100m³ 空间体积

编　号				3-3-83
项　目				门式钢支架
名　称			单位	消　耗　量
人工	合计工日		工日	4.002
	其中	普工	工日	1.601
		一般技工	工日	2.001
		高级技工	工日	0.400
材料	无缝钢管（综合）		kg	5.000
	型钢（综合）		kg	11.000
	木模板		m^3	0.034
	门式钢支架		t	0.017
	铁件（综合）		kg	1.250
机械	汽车式起重机 12t		台班	0.120

工作内容：1. 钢管柱支架下部：起重机吊装立柱，钢管柱安装、焊接。

2. 钢管柱支架上部：平台钢板、型钢等加工，起重机吊装，横向连接焊接及其拆除、平台搭设与拆除等。

计量单位：10t

编号				3-3-84	3-3-85
项目				钢管柱支架	
				下部	上部
名称			单位	消耗量	
人工	合计工日		工日	39.891	71.500
	其中	普工	工日	15.956	28.600
		一般技工	工日	19.946	35.750
		高级技工	工日	3.989	7.150
材料	金属材料（摊销）		kg	—	2 269.000
	型钢（综合）		t	0.052	0.287
	钢管柱（含法兰盘）		kg	2 605.000	—
	钢板（综合）		t	—	0.400
	其他材料费		%	2.00	2.00
机械	载重汽车 20t		台班	1.290	2.167
	汽车式起重机 20t		台班	—	0.100
	汽车式起重机 32t		台班	1.274	2.139
	电动单筒慢速卷扬机 50kN		台班	2.548	4.279
	交流弧焊机 32kV·A		台班	2.034	3.414
	电焊条烘干箱 45×35×45（cm^3）		台班	0.203	0.341

十七、挂篮制作、安装、拆除、推移

工作内容：制作、安装、推移、拆除、清理等。

编号				3-3-86	3-3-87	3-3-88
项目				挂篮制作	挂篮安装、拆除	挂篮推移
				t		t·m
名称			单位	消耗量		
人工	合计工日		工日	20.163	0.914	0.035
	其中	普工	工日	8.065	0.365	0.014
		一般技工	工日	10.082	0.457	0.018
		高级技工	工日	2.016	0.092	0.003
材料	挂篮		t	—	(0.300)	—
	型钢(综合)		t	0.636	—	0.001
	乙炔气		kg	1.485	0.385	—
	氧气		m^3	3.860	1.000	—
	低合金钢焊条 E43 系列		kg	44.800	2.500	—
	聚四氟乙烯板		kg	—	—	0.020
	黄油		kg	—	—	0.100
	防锈漆		kg	5.790	—	—
	调和漆		kg	3.540	—	—
	油漆溶剂油		kg	0.770	—	—
机械	履带式起重机 25t		台班	0.097	—	—
	汽车式起重机 75t		台班	—	0.110	—
	电动双筒慢速卷扬机 50kN		台班	—	0.368	0.029
	普通车床 630mm×2 000mm		台班	0.096	—	—
	龙门刨床 1 000mm×3 000mm		台班	0.096	—	—
	立式钻床 50mm		台班	0.096	—	—
	交流弧焊机 32kV·A		台班	5.835	0.327	—
	立式油压千斤顶 100t		台班	—	3.972	0.317
	电焊条烘干箱 45×35×45(cm^3)		台班	0.584	0.033	—

十八、混凝土输送及泵管安装、拆除使用

工作内容：泵管安装、拆除、清洗、整理、堆放，机械就位，混凝土输送、清理等。　　**计量单位：**m^3

编号				3-3-89	3-3-90	3-3-91
项目				混凝土输送		
				泵车	固定泵	起重机配料斗
名称			单位	消耗量		
人工	合计工日		工日	—	—	0.056
	其中	普工	工日	—	—	0.022
		一般技工	工日	—	—	0.028
		高级技工	工日	—	—	0.006
材料	水		m^3	0.095	0.095	—
机械	混凝土输送泵车 45m^3/h		台班	—	0.017	—
	混凝土输送泵车 75m^3/h		台班	0.014	—	—
	汽车式起重机 12t		台班	—	—	0.031

工作内容：泵管安装、拆除、清洗、整理、堆放；机械就位；混凝土输送、清理等。

编号				3-3-92	3-3-93	3-3-94	3-3-95
项目				垂直泵管		水平泵管	
				安装、拆除	使用	安装、拆除	使用
				m	m·d	m	m·d
名称			单位	消耗量			
人工	合计工日		工日	0.176	—	0.050	—
	其中	普工	工日	0.071	—	0.020	—
		一般技工	工日	0.087	—	0.025	—
		高级技工	工日	0.018	—	0.005	—
材料	脚手架钢管		kg	0.097	—	0.050	—
	钢管脚手架扣件		个	0.383	—	0.015	—
	垫片		个	0.788	—	0.765	—
	防锈漆		kg	0.007	—	0.004	—
	泵管		m	0.010	—	0.010	—
	方卡		只	0.387	—	0.383	—
	泵管使用		m·d	—	1.000	—	1.000
机械	载重汽车 8t		台班	0.001	—	0.001	—

十九、复合模板及定型钢模

工作内容：复合模板及支撑制作；模板安装，涂刷隔离剂、脱模剂；模板拆除、修理、整堆等。

计量单位：$10m^2$

编号				3-3-96	3-3-97
项目				复合模板	定型钢模
名称			单位	消耗量	
人工	合计工日		工日	1.769	1.917
	其中	普工	工日	0.707	0.767
		一般技工	工日	0.885	0.958
		高级技工	工日	0.177	0.192
材料	板枋材		m^3	0.072	0.005
	钢筋 ϕ10 以内		kg	—	0.300
	定型钢模板		kg	—	35.409
	焊接钢管（综合）		kg	—	0.300
	钢丝绳		kg	—	7.600
	铁件（综合）		kg	—	5.300
	半硬塑料管 ϕ32		m	—	1.030
	脱模剂		kg	—	0.600
	安全网		m^2	—	0.188
	复合模板		m^2	2.468	—
	钢支撑		kg	4.754	—
	圆钉		kg	0.179	—
	隔离剂		kg	1.000	—
	镀锌铁丝 ϕ0.7~1.2		kg	0.018	—
	塑料粘胶带 20mm × 50m		卷	0.400	—
机械	木工圆锯机 500mm		台班	0.009	—
	履带式起重机 15t		台班	0.100	0.200

二十、高架桥异型钢模板

工作内容：模板制作、安装、涂脱模剂；模板拆除、修理、整堆等。　　**计量单位：**$10m^2$

编　号				3-3-98	3-3-99	3-3-100	3-3-101	3-3-102
项　目				高架桥异型钢模板				
				实体式桥台	柱式墩台身	墩盖梁	台盖梁	防撞护栏
名　称			单位	消　耗　量				
人工	合计工日		工日	0.978	1.587	1.230	1.353	1.082
	其中	普工	工日	0.391	0.635	0.492	0.541	0.433
		一般技工	工日	0.489	0.794	0.615	0.677	0.541
		高级技工	工日	0.098	0.159	0.123	0.135	0.108
材料	异型钢模板		kg	83.862	104.350	93.180	93.180	75.494
	钢支撑		kg	4.640	8.690	4.640	4.640	—
	其他材料费		%	1.00	1.00	1.00	1.00	1.00
机械	汽车式起重机 8t		台班	—	—	—	—	0.265
	履带式起重机 10t		台班	0.223	0.354	0.354	0.390	—

第四章　预制混凝土构件

说　　明

一、本章包括预制混凝土梁、预制混凝土柱、预制混凝土板、预制混凝土拱桥构件、预制混凝土小型构件、混凝土灌缝与接头、构件运输、筑拆胎地模、蒸汽养护等项目。

二、构件预制项目适用于现场制作的预制构件。

三、本章项目均未包括预埋铁件，可按设计用量执行相应项目。

四、预制构件项目未包括胎、地模，需要时执行本章有关项目。胎、地模的占用面积由各地区、部门自行制定调整办法。

五、安装预制构件应根据施工现场具体情况采用合理的施工方法，执行相应项目。

六、除安装梁分陆上、水上安装外，其他构件安装均未考虑船上吊装，发生时可增计船只费用。

七、预应力桁架梁预制套用桁架拱拱片子目；构件安装执行板拱项目，人工、机械乘以系数 1.20。

八、预制构件场内运输项目适用于除单件小构件外的预制混凝土构件。单件小构件指单件混凝土体积小于或等于 $0.05m^3$ 的构件，其场内运输已包括在项目中。

九、双导梁安装构件项目不包括导梁的安拆及使用，执行装配式钢支架项目，工程量按实计算。

十、本章运输项目适用于运距在 30km 以内的运输，超过 30km 部分按每增加 1km 相应项目子目乘以系数 0.65 计算。

十一、构件运输过程中，如遇路桥限载（限高）而发生的加固、扩宽等费用及交通管理部门收取的相关费用，如发生时另外计算。

十二、预制混凝土构件项目中的混凝土均按自然养护考虑，如采用蒸汽养护时，应从各有关项目中按每 $10m^3$ 扣减人工 1 个工日，并按蒸汽养护有关项目计算。

工程量计算规则

一、混凝土工程量计算：

1. 预制空心构件按设计图尺寸扣除空心体积，以实体积计算。空心板梁的堵头板体积不计入工程量内，其消耗量已在项目考虑。

2. 预制空心板梁，采用橡胶囊做内模时，考虑其压缩变形因素，可增加混凝土数量，当梁长在16m以内时，可按设计体积增加7%计算，若梁长大于16m时，则按增加9%计算。设计图注明已考虑橡胶囊变形时，不得再增加计算。

3. 预应力混凝土构件的封锚混凝土数量并入构件混凝土工程量计算。

4. 环氧树脂接缝的工程量按设计图示尺寸以面积计算。

二、模板工程量计算：

1. 预制构件中预应力混凝土构件及T形梁、I形梁、双曲拱、桁架拱等构件均按模板接触混凝土的面积（包括侧模、底模）计算。

2. 灯柱、端柱、栏杆等小型构件按平面投影面积计算。

3. 预制构件中非预应力构件按模板接触混凝土的面积计算，不包括胎、地模。

4. 空心板梁中空心部分，均采用橡胶囊抽拔，其摊销量已包括在项目内，不再计算空心部分模板工程量。

5. 空心板中空心部分可按模板接触混凝土的面积计算工程量。

三、安装及运输预制构件以“m^3”为计量单位的，均按构件混凝土实体积（不包括空心部分）计算，不扣除构件内钢筋、铁件及预应力钢筋预留孔洞所占的体积。

四、驳船不包括进出场费，由各省、自治区、直辖市确定。

五、预制装配式防撞墙中不包括橡胶止水条及伸缩缝安装，发生时套用相关消耗量。

六、蒸汽养护按预制混凝土构件的实体积计算工程量。

一、预制混凝土梁

工作内容: 1. 混凝土:混凝土浇筑、捣固、抹平,养护等。

2. 模板:模板制作、安装、涂脱模剂,模板拆除、修理、整堆等。

3. 构件安装:吊装机具移动就位,组装、拆卸船排,打拔缆风桩,安拆卷扬机及索具,构件安装、就位、固定等。

编　号				3-4-1	3-4-2	3-4-3	3-4-4	3-4-5
项　目				T 形梁		陆上安装 T 形梁(长度 m 以内)		
				混凝土	模板	20	30	40
				$10m^3$	$10m^2$	$10m^3$		
名　称			单位	消　耗　量				
人工	合计工日		工日	4.662	3.785	1.083	1.028	0.977
	其中	普工	工日	1.865	1.514	0.433	0.411	0.391
		一般技工	工日	2.331	1.893	0.542	0.514	0.488
		高级技工	工日	0.466	0.378	0.108	0.103	0.098
材料	预拌混凝土 C40		m^3	10.100	—	—	—	—
	无纺土工布		m^2	4.817	—	—	—	—
	水		m^3	11.580	—	—	—	—
	板枋材		m^3	—	0.160	—	—	—
	电		kW·h	19.733	—	—	—	—
	圆钉		kg	—	0.190	—	—	—
	铁件(综合)		kg	—	7.070	—	—	—
	脱模剂		kg	—	1.000	—	—	—
	模板嵌缝料		kg	—	0.500	—	—	—
机械	履带式起重机 15t		台班	—	0.097	—	—	—
	木工圆锯机 500mm		台班	—	0.336	—	—	—
	木工平刨床 500mm		台班	—	0.336	—	—	—
	汽车式起重机 75t		台班	—	—	0.250	—	—
	汽车式起重机 100t		台班	—	—	—	—	0.247
	汽车式起重机 125t		台班	—	—	—	0.143	—

工作内容：1. 混凝土：混凝土浇筑、捣固、抹平，养护等。
2. 模板：模板制作、安装、涂脱模剂，模板拆除、修理、整堆等。
3. 构件安装：吊装机具移动就位，组装、拆卸船排，打拔缆风桩，安拆卷扬机及索具，构件安装、就位、固定等。

计量单位：$10m^3$

编号				3-4-6	3-4-7
项目				水上安装T形梁（长度 m 以内）	
				20	30
名称			单位	消耗量	
人工	合计工日		工日	8.500	8.264
	其中	普工	工日	3.400	3.306
		一般技工	工日	4.250	4.132
		高级技工	工日	0.850	0.826
材料	原木		m^3	0.002	0.002
	板枋材		m^3	0.035	0.035
	扒钉		kg	3.635	3.635
	圆钉		kg	0.009	0.009
	钢丝绳		kg	21.910	21.910
	白棕绳 $\phi 40$		kg	1.471	1.471
机械	电动双筒慢速卷扬机 50kN		台班	3.264	—
	电动双筒慢速卷扬机 100kN		台班	—	2.955
	电动单筒快速卷扬机 10kN		台班	6.520	5.900
	铁驳船 装载质量 80t		台班	1.989	—
	铁驳船 装载质量 120t		台班	—	1.801
	履带式起重机 15t		台班	0.195	0.273

工作内容：1. 混凝土：混凝土浇筑、捣固、抹平，养护等。
2. 模板：模板制作、安装、涂脱模剂，模板拆除、修理、整堆等。
3. 构件安装：吊装机具移动就位，组装、拆卸船排，打拔缆风桩，安拆卷扬机及索具，构件安装、就位、固定等。

编号				3-4-8	3-4-9	3-4-10	3-4-11
项目				I 形梁		陆上安装 I 形梁（长度 m 以内）	
				混凝土	模板	20	30
				$10m^3$	$10m^2$	$10m^3$	
名称			单位	消耗量			
人工	合计工日		工日	4.847	3.454	1.196	1.137
	其中	普工	工日	1.939	1.382	0.478	0.455
		一般技工	工日	2.423	1.727	0.598	0.568
		高级技工	工日	0.485	0.345	0.120	0.114
材料	预拌混凝土 C40		m^3	10.100	—	—	—
	无纺土工布		m^2	2.698	—	—	—
	水		m^3	8.350	—	—	—
	电		kW·h	9.143	—	—	—
	板枋材		m^3	—	0.151	—	—
	圆钉		kg	—	1.080	—	—
	铁件（综合）		kg	—	6.610	—	—
	脱模剂		kg	—	1.000	—	—
	模板嵌缝料		kg	—	0.500	—	—
机械	木工圆锯机 500mm		台班	—	0.310	—	—
	木工平刨床 500mm		台班	—	0.310	—	—
	汽车式起重机 75t		台班	—	—	0.169	—
	汽车式起重机 100t		台班	—	—	—	0.156

工作内容：1. 混凝土：混凝土浇筑、捣固、抹平，养护等。
2. 模板：模板制作、安装、涂脱模剂，模板拆除、修理、整堆等。
3. 构件安装：吊装机具移动就位，组装、拆卸船排，打拔缆风桩，安拆卷扬机及索具，构件安装、就位、固定等。

计量单位：10m³

编号			3-4-12	3-4-13
项目			水上安装 I 形梁（长度 m 以内）	
			20	30
名称		单位	消耗量	
人工	合计工日	工日	9.635	9.337
	其中 普工	工日	3.854	3.735
	其中 一般技工	工日	4.817	4.668
	其中 高级技工	工日	0.964	0.934
材料	原木	m³	0.002	0.002
	板枋材	m³	0.034	0.034
	扒钉	kg	3.635	3.635
	圆钉	kg	0.009	0.009
	钢丝绳	kg	21.675	21.910
	白棕绳 $\phi40$	kg	1.471	1.471
机械	电动双筒慢速卷扬机 10kN	台班	6.396	6.084
	电动双筒慢速卷扬机 100kN	台班	—	3.042
	电动单筒快速卷扬机 50kN	台班	3.198	—
	铁驳船 装载质量 50t	台班	2.204	—
	铁驳船 装载质量 80t	台班	—	2.094
	履带式起重机 15t	台班	0.146	0.195

工作内容：1. 混凝土：混凝土浇筑、捣固、抹平，养护等。
2. 模板：模板制作、安装、涂脱模剂，模板拆除、修理、整堆等。
3. 构件安装：吊装机具移动就位，组装、拆卸船排，打拔缆风桩，安拆卷扬机及索具，构件安装、就位、固定等。

编号				3-4-14	3-4-15	3-4-16	3-4-17	3-4-18	3-4-19
项目				实心板梁		空心板梁（非预应力）		空心板梁（预应力）	
				混凝土	模板	混凝土	模板	混凝土	模板
				$10m^3$	$10m^2$	$10m^3$	$10m^2$	$10m^3$	$10m^2$
名称			单位	消耗量					
人工	合计工日		工日	4.318	2.132	4.874	6.232	4.528	7.096
	其中	普工	工日	1.727	0.853	1.949	2.493	1.811	2.839
		一般技工	工日	2.159	1.066	2.437	3.116	2.264	3.548
		高级技工	工日	0.432	0.213	0.488	0.623	0.453	0.709
材料	预拌混凝土 C20		m^3	—	—	0.067	—	0.070	—
	预拌混凝土 C40		m^3	10.100	—	10.100	—	10.100	—
	无纺土工布		m^2	3.107	—	5.018	—	3.614	—
	水		m^3	4.220	—	11.450	—	15.280	—
	电		kW·h	6.514	—	11.276	—	12.190	—
	板枋材		m^3	—	0.043	—	0.038	—	0.035
	组合钢模板		kg	—	1.970	—	1.970	—	1.970
	钢支撑		kg	—	4.640	—	4.640	—	4.640
	钢模板连接件		kg	—	1.180	—	1.180	—	1.180
	橡胶囊外套 $\phi600$		m	—	—	—	—	—	0.060
	橡胶囊 $\phi360$		m	—	—	—	0.140	—	0.120
	圆钉		kg	—	0.580	—	0.740	—	0.390
	脱模剂		kg	—	1.000	—	1.000	—	1.000
	模板嵌缝料		kg	—	0.500	—	0.500	—	0.500
机械	木工圆锯机 500mm		台班	—	0.043	—	0.043	—	0.043
	木工平刨床 500mm		台班	—	0.043	—	0.043	—	0.043
	电动单筒快速卷扬机 5kN		台班	—	—	—	0.487	—	0.619
	电动空气压缩机 $0.6m^3/min$		台班	—	—	—	0.438	—	0.556

工作内容： 1. 混凝土：混凝土浇筑、捣固、抹平，养护等。
2. 模板：模板制作、安装、涂脱模剂，模板拆除、修理、整堆等。
3. 构件安装：吊装机具移动就位，组装、拆卸船排，打拔缆风桩，安拆卷扬机及索具，构件安装、就位、固定等。

计量单位： $10m^3$

编号			3-4-20	3-4-21	3-4-22	3-4-23	3-4-24
项目			陆上安装板梁（长度 m 以内）				
			10	13	16	20	25
名称		单位	消耗量				
人工	合计工日	工日	1.040	1.012	0.864	0.748	0.700
人工	其中 普工	工日	0.416	0.405	0.346	0.299	0.280
人工	其中 一般技工	工日	0.520	0.506	0.432	0.374	0.350
人工	其中 高级技工	工日	0.104	0.101	0.086	0.075	0.070
机械	汽车式起重机 20t	台班	0.257	—	—	—	—
机械	汽车式起重机 25t	台班	—	0.250	—	—	—
机械	汽车式起重机 50t	台班	—	—	0.200	—	—
机械	汽车式起重机 75t	台班	—	—	—	0.170	—
机械	汽车式起重机 80t	台班	—	—	—	—	0.161

工作内容：1. 混凝土：混凝土浇筑、捣固、抹平，养护等。
2. 模板：模板制作、安装、涂脱模剂，模板拆除、修理、整堆等。
3. 构件安装：吊装机具移动就位，组装、拆卸船排，打拔缆风桩，安拆卷扬机及索具，构件安装、就位、固定等。

计量单位：$10m^3$

编　号				3-4-25	3-4-26	3-4-27	3-4-28	3-4-29
项　目				水上安装板梁（长度 m 以内）				
				10	13	16	20	25
名　称			单位	消　耗　量				
人工	合计工日		工日	7.809	7.691	7.691	7.223	7.040
	其中	普工	工日	3.123	3.076	3.076	2.889	2.816
		一般技工	工日	3.905	3.846	3.846	3.612	3.520
		高级技工	工日	0.781	0.769	0.769	0.722	0.704
材料	原木		m^3	0.005	0.005	0.002	0.002	0.002
	板枋材		m^3	0.008	0.008	0.033	0.033	0.046
	扒钉		kg	0.009	0.009	0.009	0.009	0.009
	圆钉		kg	0.334	0.334	0.621	0.625	0.679
	钢丝绳		kg	11.186	11.186	21.910	21.910	25.141
	白棕绳　$\phi40$		kg	0.503	0.503	0.589	1.471	1.471
机械	履带式起重机　15t		台班	0.049	0.107	0.107	0.107	0.127
	电动双筒慢速卷扬机　30kN		台班	2.500	—	—	—	—
	电动双筒慢速卷扬机　50kN		台班	—	2.335	2.335	—	—
	电动双筒慢速卷扬机　100kN		台班	—	—	—	2.123	2.017
	电动单筒快速卷扬机　10kN		台班	4.800	4.671	4.671	4.246	4.034
	铁驳船　装载质量　30t		台班	1.308	—	—	—	—
	铁驳船　装载质量　50t		台班	—	0.986	1.183	—	—
	铁驳船　装载质量　80t		台班	—	—	—	0.896	1.008

工作内容：1. 混凝土：混凝土浇筑、捣固、抹平，养护等。
2. 模板：模板制作、安装、涂脱模剂，模板拆除、修理、整堆等。
3. 构件安装：吊装机具移动就位，安拆轨道、枕木、平车、卷扬机及索具，构件安装、就位、固定等。

编号				3-4-30	3-4-31	3-4-32
项目				预应力箱形梁		
				混凝土	模板	双导梁安装
				$10m^3$	$10m^2$	$10m^3$
名称			单位	消耗量		
人工	合计工日		工日	5.520	8.300	3.572
	其中	普工	工日	2.208	3.320	1.429
		一般技工	工日	2.760	4.150	1.786
		高级技工	工日	0.552	0.830	0.357
材料	预拌混凝土 C40		m^3	10.100	—	—
	无纺土工布		m^2	2.438	—	—
	水		m^3	7.250	—	—
	电		kW·h	72.381	—	—
	板枋材		m^3	—	0.035	—
	圆钉		kg	—	0.350	—
	铁件（综合）		kg	—	—	0.237
	脱模剂		kg	—	1.000	—
	模板嵌缝料		kg	—	0.500	—
	枕木		m^3	—	—	0.038
	型钢（综合）		kg	—	—	3.132
	中厚钢板（综合）		kg	—	—	0.104
	重轨（综合）		kg	—	—	4.636
	鱼尾板		kg	—	—	0.211
	骑马钉 20×2		kg	—	—	0.324
	白棕绳 ϕ40		kg	—	—	0.290
机械	履带式起重机 15t		台班	—	0.048	—
	木工圆锯机 500mm		台班	—	0.043	—
	木工平刨床 500mm		台班	—	0.043	—
	电动单筒快速卷扬机 10kN		台班	—	—	0.832
	电动单筒慢速卷扬机 100kN		台班	—	—	0.416
	电动双筒快速卷扬机 30kN		台班	—	—	0.832
	轨道平车 10t		台班	—	—	0.832

工作内容：架桥机就位、节段梁起吊、旋转、悬挂、节段梁干拼、临时张拉、架桥机过孔前移等。

计量单位：$10m^3$

编　号				3-4-33
项　目				预应力箱形节段梁 架桥机安装
名　称			单位	消　耗　量
人工	合计工日		工日	17.675
	其中	普工	工日	7.070
		一般技工	工日	8.837
		高级技工	工日	1.767
材料	钢筋（综合）		kg	4.810
	中厚钢板（综合）		kg	6.820
	扎丝锚具 ϕ25		套	0.390
	连接器（锚具）ϕ25		套	0.360
	其他材料费		%	2.00
机械	履带式起重机 50t		台班	0.211
	铁路架桥机 160t		台班	0.877
	立式油压千斤顶 300t		台班	0.600
	平台作业升降车 20m		台班	0.705

工作内容： 1. 混凝土：混凝土浇筑、捣固、抹平，养护等。
2. 模板：模板制作、安装、涂脱模剂，模板拆除、修理、整堆等。
3. 构件安装：吊装机具移动就位，安拆轨道、枕木、平车、卷扬机及索具，构件安装、就位、固定，调制及涂抹环氧树脂等。

编　　号				3-4-34	3-4-35	3-4-36	3-4-37
项　　目				箱形块件			环氧树脂接缝
				混凝土	模板	双导梁安装	
				$10m^3$	$10m^2$	$10m^3$	$10m^2$
名　　称			单位	消　耗　量			
人工	合计工日		工日	5.549	8.118	4.143	5.895
	其中	普工	工日	2.219	3.247	1.657	2.358
		一般技工	工日	2.775	4.059	2.072	2.947
		高级技工	工日	0.555	0.812	0.414	0.590
材料	预拌混凝土 C40		m^3	10.100	—	—	—
	无纺土工布		m^2	3.413	—	—	—
	水		m^3	8.060	—	—	—
	电		kW·h	58.514	—	—	—
	板枋材		m^3	—	0.039	—	—
	圆钉		kg	—	0.310	—	—
	铁件（综合）		kg	—	—	0.237	—
	脱模剂		kg	—	1.000	—	—
	模板嵌缝料		kg	—	0.500	—	—
	枕木		m^3	—	—	0.038	—
	型钢（综合）		kg	—	—	3.132	—
	中厚钢板（综合）		kg	—	—	0.104	—
	重轨（综合）		kg	—	—	4.636	—
	鱼尾板		kg	—	—	0.211	—
	骑马钉 20×2		kg	—	—	0.324	—
	白棕绳 ϕ40		kg	—	—	0.290	—
	环氧树脂		kg	—	—	—	38.250
机械	履带式起重机 15t		台班	—	0.048	—	—
	木工圆锯机 500mm		台班	—	0.043	—	—
	木工平刨床 500mm		台班	—	0.043	—	—
	电动单筒快速卷扬机 10kN		台班	—	—	1.093	—
	电动双筒快速卷扬机 30kN		台班	—	—	1.093	—
	电动单筒慢速卷扬机 100kN		台班	—	—	0.546	—
	轨道平车 10t		台班	—	—	1.093	—

工作内容：1. 混凝土：混凝土浇筑、捣固、抹平，养护等。
2. 模板：模板制作、安装、涂脱模剂，模板拆除、修理、整堆等。
3. 构件安装：吊装机具移动就位，组装、拆卸船排，打拔缆风桩，安拆卷扬机及索具，构件安装、就位、固定等。

编号				3-4-38	3-4-39	3-4-40	3-4-41	3-4-42	3-4-43
项目				槽形梁		陆上安装槽形梁（长度 m）		水上安装槽形梁（长度 m）	
				混凝土	模板	30以内	30以外	30以内	30以外
				$10m^3$	$10m^2$	$10m^3$			
名称			单位	消耗量					
人工	合计工日		工日	5.040	8.538	1.711	1.480	8.602	9.461
	其中	普工	工日	2.016	3.415	0.685	0.592	3.441	3.784
		一般技工	工日	2.520	4.269	0.855	0.740	4.301	4.731
		高级技工	工日	0.504	0.854	0.171	0.148	0.860	0.946
材料	预拌混凝土 C40		m^3	10.100	—	—	—	—	—
	无纺土工布		m^2	2.132	—	—	—	—	—
	水		m^3	5.990	—	—	—	—	—
	电		kW·h	36.571	—	—	—	—	—
	板枋材		m^3	—	0.177	—	—	0.034	0.040
	圆钉		kg	—	1.740	—	—	0.009	—
	铁件（综合）		kg	—	1.760	—	—	—	—
	脱模剂		kg	—	1.000	—	—	—	—
	模板嵌缝料		kg	—	0.500	—	—	—	—
	原木		m^3	—	—	—	—	0.002	0.008
	扒钉		kg	—	—	—	—	3.635	4.003
	钢丝绳		kg	—	—	—	—	21.910	29.916
	白棕绳 $\phi 40$		kg	—	—	—	—	1.471	1.471
机械	履带式起重机 15t		台班	—	0.209	—	—	0.244	0.345
	木工圆锯机 500mm		台班	—	1.292	—	—	—	—
	木工平刨床 500mm		台班	—	1.292	—	—	—	—
	汽车式起重机 75t		台班	—	—	0.265	—	—	—
	汽车式起重机 150t		台班	—	—	—	0.130	—	—
	电动双筒慢速卷扬机 100kN		台班	—	—	—	—	2.733	3.006
	电动单筒快速卷扬机 10kN		台班	—	—	—	—	5.466	6.013
	铁驳船 装载质量 80t		台班	—	—	—	—	1.667	3.623

二、预制混凝土柱

工作内容：1. 混凝土：混凝土浇筑、捣固、抹平、养护等。
2. 模板：模板制作、安装、涂脱模剂，模板拆除、修理、整堆等。
3. 构件安装：起吊设备就位，整修构件，吊装、定位、固定，填细石混凝土或坐浆等。

编号				3-4-44	3-4-45	3-4-46	3-4-47	3-4-48
项目				矩形柱		异型柱		柱安装
				混凝土	模板	混凝土	模板	
				$10m^3$	$10m^2$	$10m^3$	$10m^2$	$10m^3$
名称			单位	消耗量				
人工	合计工日		工日	4.894	2.020	5.412	3.065	8.396
	其中	普工	工日	1.958	0.808	2.165	1.226	3.358
		一般技工	工日	2.447	1.010	2.706	1.533	4.198
		高级技工	工日	0.489	0.202	0.541	0.306	0.840
材料	预拌混凝土 C40		m^3	10.100	—	10.100	—	0.159
	塑料薄膜		m^2	18.095	—	22.495	—	—
	水		m^3	3.970	—	3.630	—	—
	电		kW·h	8.571	—	10.286	—	—
	板枋材		m^3	—	0.029	—	0.190	—
	组合钢模板		kg	—	1.970	—	—	—
	钢支撑		kg	—	4.640	—	—	—
	钢模板连接件		kg	—	1.180	—	—	—
	圆钉		kg	—	0.200	—	1.190	—
	铁件（综合）		kg	—	0.480	—	3.710	—
	脱模剂		kg	—	1.000	—	1.000	—
	模板嵌缝料		kg	—	0.500	—	0.500	—
机械	木工圆锯机 500mm		台班	—	0.026	—	0.276	—
	木工平刨床 500mm		台班	—	0.026	—	0.276	—
	汽车式起重机 12t		台班	—	—	—	—	0.814

工作内容：1. 混凝土：混凝土浇筑、捣固、抹平、养护等。
2. 模板：模板制作、安装、涂脱模剂，模板拆除、修理、整堆等。
3. 构件安装：起吊设备就位，整修构件，吊装、定位、固定，填细石混凝土或坐浆等。

计量单位：10m

编号				3-4-49	3-4-50	3-4-51
项目				柱式墩台管节安装（管径 mm 以内）		
				1 000	1 500	2 000
名称			单位	消耗量		
人工	合计工日		工日	4.324	8.903	11.588
	其中	普工	工日	1.730	3.561	4.635
		一般技工	工日	2.162	4.451	5.794
		高级技工	工日	0.432	0.891	1.159
材料	钢筋混凝土管 d1 000 以内		m	（10.100）	—	—
	钢筋混凝土管 d1 500 以内		m	—	（10.100）	—
	钢筋混凝土管 d2 000 以内		m	—	—	（10.100）
	预拌砂浆（干拌）		m^3	0.030	0.110	0.190
机械	履带式起重机 15t		台班	0.175	0.292	0.389

三、预制混凝土板

工作内容：1. 混凝土：混凝土浇筑、捣固、抹平、养护等。
2. 模板：模板制作、安装、涂脱模剂，模板拆除、修理、整堆等。
3. 构件安装：安拆地锚，竖拆扒杆，起吊设备就位；整修构件；吊装、定位、固定；填细石混凝土或坐浆等。

编号				3-4-52	3-4-53	3-4-54
项目				矩形板		
				混凝土	模板	安装
				$10m^3$	$10m^2$	$10m^3$
名称			单位	消耗量		
人工	合计工日		工日	4.852	1.742	2.793
	其中	普工	工日	1.941	0.697	1.117
		一般技工	工日	2.426	0.871	1.397
		高级技工	工日	0.485	0.174	0.279
材料	预拌混凝土 C30		m^3	10.100	—	—
	无纺土工布		m^2	5.460	—	—
	水		m^3	6.570	—	—
	电		kW·h	8.324	—	—
	板枋材		m^3	—	0.037	—
	组合钢模板		kg	—	1.970	—
	钢支撑		kg	—	4.640	—
	钢模板连接件		kg	—	1.180	—
	圆钉		kg	—	0.420	—
	铁件（综合）		kg	—	0.820	—
	脱模剂		kg	—	1.000	—
	模板嵌缝料		kg	—	0.500	—
	预拌砂浆（干拌）		m^3	—	—	0.420
机械	木工圆锯机 500mm		台班	—	0.030	—
	木工平刨床 500mm		台班	—	0.026	—
	汽车式起重机 8t		台班	—	—	0.325

工作内容：1. 混凝土：混凝土浇筑、捣固、抹平、养护等。
2. 模板：模板制作、安装、涂脱模剂，模板拆除、修理、整堆等。
3. 构件安装：安拆地锚，竖拆扒杆，起吊设备就位；整修构件；吊装、定位、固定；填细石混凝土或坐浆等。

编　号				3-4-55	3-4-56	3-4-57
项　目				空心板		
				混凝土	模板	安装
				$10m^3$	$10m^2$	$10m^3$
名　称			单位	消　耗　量		
人工	合计工日		工日	4.955	2.702	2.300
	其中	普工	工日	1.982	1.081	0.920
		一般技工	工日	2.478	1.351	1.150
		高级技工	工日	0.495	0.270	0.230
材料	预拌混凝土 C30		m^3	10.100	—	—
	无纺土工布		m^2	4.927	—	—
	水		m^3	11.140	—	—
	电		kW·h	8.686	—	—
	板枋材		m^3	—	0.095	—
	圆钉		kg	—	0.510	—
	铁件（综合）		kg	—	1.080	—
	脱模剂		kg	—	1.000	—
	模板嵌缝料		kg	—	0.500	—
	预拌砂浆（干拌）		m^3	—	—	0.400
机械	木工圆锯机 500mm		台班	—	0.302	—
	木工平刨床 500mm		台班	—	0.302	—
	汽车式起重机 12t		台班	—	—	0.273

工作内容：1. 混凝土：混凝土浇筑、捣固、抹平、养护等。
2. 模板：模板制作、安装、涂脱模剂，模板拆除、修理、整堆等。
3. 构件安装：安拆地锚，竖拆扒杆，起吊设备就位；整修构件；吊装、定位、固定；填细石混凝土或坐浆等。

编号				3-4-58	3-4-59	3-4-60
项目				微弯板		
				混凝土	模板	安装
				$10m^3$	$10m^2$	$10m^3$
名称			单位	消耗量		
人工	合计工日		工日	5.509	2.811	24.922
	其中	普工	工日	2.204	1.125	9.969
		一般技工	工日	2.754	1.405	12.461
		高级技工	工日	0.551	0.281	2.492
材料	预拌混凝土 C30		m^3	10.100	—	—
	无纺土工布		m^2	8.782	—	—
	水		m^3	13.710	—	—
	电		kW·h	3.543	—	—
	板枋材		m^3	—	0.112	0.002
	圆钉		kg	—	1.900	0.002
	铁件(综合)		kg	—	3.160	0.160
	脱模剂		kg	—	1.000	—
	模板嵌缝料		kg	—	0.500	—
	预拌砂浆(干拌)		m^3	—	—	0.780
	原木		m^3	—	—	0.007
	扒钉		kg	—	—	0.080
	钢丝绳		kg	—	—	1.967
	白棕绳 $\phi 40$		kg	—	—	0.140
机械	木工圆锯机 500mm		台班	—	0.224	—
	木工平刨床 500mm		台班	—	0.224	—
	电动双筒慢速卷扬机 30kN		台班	—	—	1.921
	电动单筒快速卷扬机 10kN		台班	—	—	3.841

四、预制混凝土拱桥构件

工作内容：1. 混凝土：混凝土浇筑、捣固、抹平、养护等。
2. 模板：模板制作、安装、涂脱模剂，模板拆除、修理、整堆等。
3. 构件安装：安拆地锚，竖拆扒杆，起吊设备就位；整修构件；吊装、定位、固定；填细石混凝土或坐浆等。

编　号				3-4-61	3-4-62	3-4-63	3-4-64
项　目				板拱		安装板拱	
				混凝土	模板	扒杆安装	起重机安装
				$10m^3$	$10m^2$	$10m^3$	
名　称			单位	消　耗　量			
人工	合计工日		工日	6.049	4.823	24.836	11.927
	其中	普工	工日	2.419	1.929	9.934	4.771
		一般技工	工日	3.025	2.412	12.419	5.964
		高级技工	工日	0.605	0.482	2.483	1.192
材料	预拌混凝土 C30		m^3	10.100	—	—	—
	无纺土工布		m^2	5.177	—	—	—
	水		m^3	5.200	—	—	—
	电		kW·h	8.305	—	—	—
	板枋材		m^3	—	0.129	0.005	—
	圆钉		kg	—	0.540	—	—
	脱模剂		kg	—	1.000	—	—
	模板嵌缝料		kg	—	0.500	—	—
	预拌砂浆（干拌）		m^3	—	—	0.140	0.140
	原木		m^3	—	—	0.009	—
	六角螺栓		kg	—	—	0.037	—
	扒钉		kg	—	—	0.132	—
	钢丝绳		kg	—	—	10.549	—
	白棕绳 $\phi40$		kg	—	—	0.736	—
机械	木工圆锯机 500mm		台班	—	0.758	—	—
	木工平刨床 500mm		台班	—	0.758	—	—
	电动双筒慢速卷扬机 50kN		台班	—	—	3.724	—
	电动单筒快速卷扬机 10kN		台班	—	—	3.724	—
	汽车式起重机 40t		台班	—	—	—	1.840

工作内容：1. 混凝土：混凝土浇筑、捣固、抹平、养护等。
2. 模板：模板制作、安装、涂脱模剂，模板拆除、修理、整堆等。
3. 构件安装：安拆地锚，竖拆扒杆，起吊设备就位；整修构件；吊装、定位、固定；填细石混凝土或坐浆等。

编号				3-4-65	3-4-66	3-4-67	3-4-68	3-4-69	3-4-70
项目				桁架拱拱片			桁架拱横向联系构件		
				混凝土	模板	安装	混凝土	模板	安装
				$10m^3$	$10m^2$	$10m^3$		$10m^2$	$10m^3$
名称			单位	消耗量					
人工	合计工日		工日	7.228	8.167	23.380	9.718	5.180	19.546
	其中	普工	工日	2.892	3.267	9.352	3.887	2.072	7.819
		一般技工	工日	3.614	4.083	11.690	4.859	2.590	9.773
		高级技工	工日	0.722	0.817	2.338	0.972	0.518	1.954
材料	预拌混凝土 C30		m^3	10.100	—	—	10.100	—	—
	无纺土工布		m^2	19.572	—	—	12.116	—	—
	水		m^3	18.380	—	—	11.470	—	—
	板枋材		m^3	—	0.106	0.008	—	0.122	0.004
	圆钉		kg	—	0.080	—	—	1.030	—
	脱模剂		kg	—	1.000	—	—	1.000	—
	模板嵌缝料		kg	—	0.500	—	—	0.500	—
	原木		m^3	—	—	0.017	—	—	0.008
	铁件（综合）		kg	—	—	—	—	—	0.324
	六角螺栓		kg	—	—	0.074	—	—	—
	扒钉		kg	—	—	0.264	—	—	0.162
	钢丝绳		kg	—	—	21.097	—	—	2.973
	白棕绳 $\phi 40$		kg	—	—	1.471	—	—	0.503
机械	木工圆锯机 500mm		台班	—	1.129	—	—	0.827	—
	木工平刨床 500mm		台班	—	1.129	—	—	0.827	—
	电动双筒慢速卷扬机 50kN		台班	—	—	4.158	—	—	3.609
	电动单筒快速卷扬机 10kN		台班	—	—	4.158	—	—	3.609

工作内容：1. 混凝土：混凝土浇筑、捣固、抹平、养护等。
2. 模板：模板制作、安装、涂脱模剂，模板拆除、修理、整堆等。
3. 构件安装：安拆地锚，竖拆扒杆，起吊设备就位；整修构件；吊装、定位、固定；填细石混凝土或坐浆等。

编号				3-4-71	3-4-72	3-4-73
项目				双曲拱肋		
				混凝土	模板	安装
				$10m^3$	$10m^2$	$10m^3$
名称			单位	消耗量		
人工	合计工日		工日	5.716	3.238	45.708
	其中	普工	工日	2.286	1.295	18.283
		一般技工	工日	2.858	1.619	22.854
		高级技工	工日	0.572	0.324	4.571
材料	预拌混凝土 C30		m^3	10.100	—	—
	无纺土工布		m^2	7.599	—	—
	水		m^3	15.990	—	—
	电		kW·h	7.543	—	—
	板枋材		m^3	—	0.150	0.004
	圆钉		kg	—	1.550	—
	脱模剂		kg	—	1.000	—
	模板嵌缝料		kg	—	0.500	—
	预拌砂浆（干拌）		m^3	—	—	0.320
	原木		m^3	—	—	0.008
	铁件（综合）		kg	—	—	0.324
	扒钉		kg	—	—	0.161
	钢丝绳		kg	—	—	3.067
	白棕绳 $\phi40$		kg	—	—	0.335
机械	木工圆锯机 500mm		台班	—	0.336	—
	木工平刨床 500mm		台班	—	0.336	—
	电动双筒慢速卷扬机 30kN		台班	—	—	8.422
	电动单筒快速卷扬机 10kN		台班	—	—	8.422

工作内容： 1. 混凝土：混凝土浇筑、捣固、抹平、养护等。

2. 模板：模板制作、安装、涂脱模剂，模板拆除、修理、整堆等。

3. 构件安装：安拆地锚，竖拆扒杆，起吊设备就位；整修构件；吊装、定位、固定；填细石混凝土或坐浆等。

编号				3-4-74	3-4-75	3-4-76	3-4-77	3-4-78
项目				拱上构件				
				混凝土	模板	安装腹拱圈	安装横隔板系梁	安装拱波
				$10m^3$	$10m^2$	$10m^3$		
名称			单位	消耗量				
人工	合计工日		工日	11.252	8.728	27.372	24.418	45.682
	其中	普工	工日	4.500	3.491	10.949	9.767	18.273
		一般技工	工日	5.626	4.364	13.686	12.209	22.841
		高级技工	工日	1.126	0.873	2.737	2.442	4.568
材料	预拌混凝土 C25		m^3	10.100	—	—	—	—
	无纺土工布		m^2	12.945	—	—	—	—
	水		m^3	22.400	—	—	—	—
	圆钉		kg	—	0.800	—	—	—
	原木		m^3	—	—	0.004	0.004	—
	脱模剂		kg	—	1.000	—	—	—
	模板嵌缝料		kg	—	0.500	—	—	—
	预拌砂浆（干拌）		m^3	—	—	0.480	0.190	0.860
	板枋材		m^3	—	0.083	0.002	0.002	—
	铁件（综合）		kg	—	—	0.162	0.162	—
	扒钉		kg	—	—	0.081	0.081	—
	钢丝绳		kg	—	—	1.534	1.534	—
	白棕绳 $\phi40$		kg	—	—	0.168	0.168	—
机械	木工圆锯机 500mm		台班	—	1.551	—	—	—
	木工平刨床 500mm		台班	—	1.551	—	—	—
	电动双筒慢速卷扬机 30kN		台班	—	—	2.388	2.105	—
	电动单筒快速卷扬机 10kN		台班	—	—	4.777	4.211	—

五、预制混凝土小型构件

工作内容：1. 混凝土：混凝土浇筑、捣固、抹平、养护等。
2. 模板：模板制作、安装、涂脱模剂，模板拆除、修理、整堆等。
3. 构件安装：安拆地锚，竖拆扒杆，起吊设备就位；整修构件；吊装、定位、固定；填细石混凝土或坐浆等。

编号				3-4-79	3-4-80	3-4-81	3-4-82	3-4-83
项目				缘石、人行道板、锚锭板		安装缘石	安装人行道板	安装锚锭板
				混凝土	模板			
				$10m^3$	$10m^2$	$10m^3$		
名称			单位	消耗量				
人工	合计工日		工日	6.412	3.808	13.133	12.640	9.820
	其中	普工	工日	2.564	1.523	5.253	5.056	3.928
		一般技工	工日	3.206	1.904	6.567	6.320	4.910
		高级技工	工日	0.642	0.381	1.313	1.264	0.982
材料	预拌混凝土 C25		m^3	10.100	—	—	—	—
	无纺土工布		m^2	12.123	—	—	—	—
	水		m^3	17.861	—	—	—	—
	电		kW·h	6.514	—	—	—	—
	板枋材		m^3	—	0.068	—	—	—
	圆钉		kg	—	0.600	—	—	—
	铁件(综合)		kg	—	4.430	—	—	—
	脱模剂		kg	—	1.000	—	—	—
	模板嵌缝料		kg	—	0.500	—	—	—
机械	木工圆锯机 500mm		台班	—	0.422	—	—	—
	木工平刨床 500mm		台班	—	0.422	—	—	—
	汽车式起重机 8t		台班	—	—	—	—	0.230

工作内容： 1. 混凝土：混凝土浇筑、捣固、抹平、养护等。
2. 模板：模板制作、安装、涂脱模剂，模板拆除、修理、整堆等。
3. 构件安装：安拆地锚，竖拆扒杆，起吊设备就位；整修构件；吊装、定位、固定；填细石混凝土或坐浆等。

编号				3-4-84	3-4-85	3-4-86	3-4-87
项目				灯柱、端柱、栏杆		安装灯柱、端柱	安装栏杆
				混凝土	模板		
				$10m^3$	$10m^2$	$10m^3$	
名称			单位	消耗量			
人工	合计工日		工日	9.792	7.491	15.785	17.344
	其中	普工	工日	3.917	2.996	6.314	6.938
		一般技工	工日	4.896	3.746	7.892	8.672
		高级技工	工日	0.979	0.749	1.579	1.734
材料	预拌混凝土 C30		m^3	10.100	—	—	—
	塑料薄膜		m^2	100.000	—	—	—
	水		m^3	10.450	—	—	—
	电		kW·h	5.181	—	—	—
	板枋材		m^3	—	0.128	0.002	0.037
	圆钉		kg	—	2.640	—	—
	脱模剂		kg	—	1.000	—	—
	模板嵌缝料		kg	—	0.500	—	—
	低合金钢焊条 E43 系列		kg	—	—	83.900	42.000
机械	木工圆锯机 500mm		台班	—	0.913	—	—
	木工平刨床 500mm		台班	—	0.913	—	—
	汽车式起重机 8t		台班	—	—	0.142	0.327
	交流弧焊机 32kV·A		台班	—	—	4.339	2.169
	电焊条烘干箱 45×35×45(cm^3)		台班	—	—	0.434	0.217

工作内容：砂浆找平、预制防撞墙安装、就位及固定等。　　**计量单位：**$10m^3$

编　号				3-4-88
项　目				安装预制装配式防撞墙
名　称			单位	消　耗　量
人工	合计工日		工日	3.924
	其中	普工	工日	1.570
		一般技工	工日	1.962
		高级技工	工日	0.392
材料	预拌砂浆（干拌）		m^3	0.342
	预制装配式防撞墙		m^3	（10.100）
	其他材料费		%	1.00
机械	平台作业升降车 22m		台班	0.727
	汽车式起重机 25t		台班	0.727

六、混凝土灌缝与接头

工作内容：1. 混凝土：混凝土浇筑、捣固、砂浆勾缝、抹平、养护等。

2. 模板：模板制作、安装、涂脱模剂，模板拆除、修理、整堆等。

编号				3-4-89	3-4-90	3-4-91	3-4-92	3-4-93	3-4-94
项目				板梁间灌缝	板梁底砂浆勾缝	梁与梁接头		柱与柱接头	
						混凝土	模板	混凝土	模板
				$10m^3$	100m	$10m^3$	$10m^2$	$10m^3$	$10m^2$
名称			单位	消耗量					
人工	合计工日		工日	9.698	1.936	4.499	4.245	5.542	2.685
	其中	普工	工日	3.879	0.774	1.800	1.698	2.217	1.074
		一般技工	工日	4.849	0.968	2.249	2.123	2.771	1.343
		高级技工	工日	0.970	0.194	0.450	0.424	0.554	0.268
材料	预拌混凝土 C30		m^3	10.100	—	—	—	10.100	—
	预拌混凝土 C40		m^3	—	—	10.100	—	—	—
	无纺土工布		m^2	6.022	—	0.754	—	—	—
	塑料薄膜		m^2	—	—	—	—	22.495	—
	预拌砂浆（干拌）		m^3	—	0.021	—	—	—	—
	板枋材		m^3	0.232	—	—	0.205	—	0.211
	铁丝 ϕ2.8~4.0		kg	107.160	—	—	4.430	—	—
	水		m^3	5.681	—	4.680	—	5.880	—
	电		kW·h	—	—	7.124	—	—	—
	圆钉		kg	—	—	—	0.200	—	0.600
	脱模剂		kg	—	—	—	1.000	—	1.000
	模板嵌缝料		kg	—	—	—	0.500	—	0.500
	铁件（综合）		kg	—	—	—	—	—	7.470
机械	木工圆锯机 500mm		台班	—	—	—	0.258	—	0.224

工作内容：1. 混凝土：混凝土浇筑、捣固、砂浆勾缝、抹平、养护等。
2. 模板：模板制作、安装、涂脱模剂，模板拆除、修理、整堆等。

编号				3-4-95	3-4-96	3-4-97	3-4-98
项目				肋与肋接头		拱上构件接头	
				混凝土	模板	混凝土	模板
				$10m^3$	$10m^2$	$10m^3$	$10m^2$
名称			单位	消耗量			
人工	合计工日		工日	6.018	3.280	7.437	8.499
	其中	普工	工日	2.407	1.312	2.974	3.399
		一般技工	工日	3.009	1.640	3.719	4.250
		高级技工	工日	0.602	0.328	0.744	0.850
材料	预拌混凝土 C30		m^3	10.100	—	10.100	—
	无纺土工布		m^2	—	—	5.177	—
	塑料薄膜		m^2	26.555	—	—	—
	板枋材		m^3	—	0.201	—	0.249
	圆钉		kg	—	1.790	—	2.120
	水		m^3	13.920	—	10.780	—
	电		kW·h	8.724	—	11.048	—
	脱模剂		kg	—	1.000	—	1.000
	模板嵌缝料		kg	—	0.500	—	0.500
机械	木工圆锯机 500mm		台班	—	0.276	—	1.008

七、构 件 运 输

工作内容：安装、拆除卷扬机及地锚；构件垂直提升，倒换，返回枕木，滚杠，绞运；清理等。

计量单位：10m³

编号				3-4-99	3-4-100	3-4-101	3-4-102
项目				混凝土板、梁构件运输（电动卷扬机）			
				构件重10t以内（100m）	构件重10t以内（每增加50m）	构件重40t以内（100m）	构件重40t以内（每增加50m）
名称			单位	消耗量			
人工	合计工日		工日	3.105	0.497	3.920	0.497
	其中	普工	工日	1.242	0.199	1.568	0.199
		一般技工	工日	1.553	0.248	1.960	0.248
		高级技工	工日	0.311	0.050	0.392	0.050
材料	扒钉		kg	0.507	0.230	0.683	0.305
	松杂板枋材		m³	0.072	0.035	0.096	0.045
	板枋材		m³	0.013	0.005	0.014	0.005
	焊接钢管（综合）		t	0.001	0.001	0.001	0.001
	其他材料费		%	1.50	1.50	1.50	1.50
机械	电动单筒快速卷扬机 5kN		台班	0.091	0.045	0.091	0.045

工作内容：安装、拆除卷扬机及地锚；构件垂直提升，倒换，返回枕木，滚杠，绞运；清理等。

计量单位：10m³

编号				3-4-103	3-4-104
项目				混凝土板、梁构件运输（电动卷扬机）	
				构件重60t以内（100m）	构件重60t以内（每增加 50m）
名称			单位	消耗量	
人工	合计工日		工日	5.067	0.497
	其中	普工	工日	2.027	0.199
		一般技工	工日	2.533	0.248
		高级技工	工日	0.507	0.050
材料	扒钉		kg	1.366	0.455
	松杂板枋材		m³	0.119	0.060
	板枋材		m³	0.014	0.005
	焊接钢管（综合）		t	0.001	0.001
	其他材料费		%	1.50	1.50
机械	电动单筒快速卷扬机 5kN		台班	0.091	0.045

工作内容：挂钩、起吊、装车、固定构件。　　　　**计量单位：**$10m^3$

编号				3-4-105	3-4-106	3-4-107	3-4-108
项目				混凝土板、梁构件运输（平板拖车组）			
				构件长度10m以内（1km以内）	构件长度10m以内（每增加1km）	构件长度20m以内（1km以内）	构件长度20m以内（每增加1km）
名称			单位	消耗量			
人工	合计工日		工日	1.712	—	0.906	—
	其中	普工	工日	0.685	—	0.362	—
		一般技工	工日	0.856	—	0.453	—
		高级技工	工日	0.171	—	0.091	—
材料	铁件（综合）		kg	0.900	—	0.600	—
	板枋材		m^3	0.062	—	0.045	—
	其他材料费		%	1.50	—	1.50	—
机械	汽车式起重机 20t		台班	0.110	—	—	—
	汽车式起重机 40t		台班	—	—	0.110	—
	平板拖车组 20t		台班	0.640	0.140	—	—
	平板拖车组 30t		台班	—	—	0.370	0.110

工作内容：挂钩、起吊、装车、固定构件。

计量单位：$10m^3$

编号				3-4-109	3-4-110	3-4-111	3-4-112
项目				混凝土板、梁构件运输（平板拖车组）			
				构件长度30m以内（1km以内）	构件长度30m以内（每增加1km）	构件长度30m以外（1km以内）	构件长度30m以外（每增加1km）
名称			单位	消耗量			
人工	合计工日		工日	0.555	—	0.455	—
	其中	普工	工日	0.222	—	0.182	—
		一般技工	工日	0.277	—	0.227	—
		高级技工	工日	0.055	—	0.045	—
材料	铁件（综合）		kg	0.400	—	0.250	—
	板枋材		m^3	0.025	—	0.015	—
	其他材料费		%	1.50	—	1.50	—
机械	汽车式起重机 70t		台班	0.090	—	—	—
	汽车式起重机 125t		台班	—	—	0.060	—
	平板拖车组 50t		台班	0.120	0.060	—	—
	平板拖车组 60t		台班	—	—	0.060	0.018

八、筑拆胎地模

工作内容：平整场地；模板制作、安拆；混凝土浇筑，抹平或砌砖，粉刷，养护，拆除等。

计量单位：100m²

编号				3-4-113	3-4-114	3-4-115
项目				砖地模	混凝土地模	土胎模
名称			单位	消耗量		
人工	合计工日		工日	20.548	29.674	14.153
	其中	普工	工日	8.219	11.869	5.661
		一般技工	工日	10.274	14.838	7.077
		高级技工	工日	2.055	2.967	1.415
材料	预拌砂浆（干拌）		m^3	3.495	—	—
	无纺土工布		m^2	—	20.000	—
	标准砖 240×115×53		千块	2.852	—	—
	水		m^3	12.600	12.600	—
	电		kW·h	—	5.067	—
	预拌混凝土 C20		m^3	—	15.155	—
	砂子（中粗砂）		m^3	—	5.675	—
	板枋材		m^3	—	0.056	—
	圆钉		kg	—	2.190	—
	脱模剂		kg	—	1.000	—
	模板嵌缝料		kg	—	0.500	—
	黏土		m^3	—	—	（26.810）
	块石灰		m^3	—	—	3.020
	塑料薄膜		m^2	—	20.018	—
	风镐凿子		根	—	9.000	—
机械	电动空气压缩机 1m³/min		台班	—	2.880	—
	木工圆锯机 500mm		台班	—	1.378	—
	电动夯实机 250N·m		台班	—	—	1.029
	干混砂浆罐式搅拌机		台班	0.143	—	—

九、蒸 汽 养 护

工作内容：燃煤过筛，锅炉供气，蒸汽养护等。　　　　**计量单位：**$10m^3$

编　号				3-4-116
项　目				蒸汽养护
名　称			单位	消　耗　量
人工	合计工日		工日	10.450
	其中	普工	工日	4.180
		一般技工	工日	5.225
		高级技工	工日	1.045
材料	煤		t	2.140
	水		m^3	13.120
	电		kW·h	46.120
	其他材料费		%	2.00
机械	工业锅炉 1t/h		台班	0.843

第五章　砌　　筑

说　　明

一、本章包括干砌片(块)石,浆砌片(块)石,浆砌预制块,砖砌体和滤层、泄水孔等项目。

二、本章适用于砌筑高度在8m以内的桥涵砌筑工程。

三、砌筑项目未包括垫层、拱背和台背的填充项目,如发生上述项目,执行相关项目。

四、拱圈项目已包括底模,但不包括拱盔和支架,执行相关项目。

五、本章中砂浆均按预拌干混砂浆编制。

六、浆砌料石参照浆砌预制块项目,抽换主材计算。

七、护岸泄水孔采用焊接钢管,若实际使用材料不同,抽换主材计算。

工程量计算规则

一、砌筑工程量按设计砌体尺寸以体积计算,嵌入砌体中的钢管、沉降缝、伸缩缝以及单孔面积 $0.3m^3$ 以内的预留孔所占体积不予扣除。

二、滤层按设计图示尺寸以体积计算。

三、泄水孔按设计图示尺寸以长度计算。

一、干砌片(块)石

工作内容：选、修石料，砌筑等。　　　　**计量单位：**10m³

编号				3-5-1	3-5-2	3-5-3	3-5-4	3-5-5
项目				干砌片石			干砌块石	
				基础、护底	护坡	护拱	基础	台、墙
名称			单位	消耗量				
人工	合计工日		工日	5.922	9.728	3.976	5.838	9.137
	其中	普工	工日	2.369	3.892	1.590	2.335	3.655
		一般技工	工日	3.257	5.350	2.187	3.211	5.025
		高级技工	工日	0.296	0.486	0.199	0.292	0.457
材料	片石		m^3	12.500	12.500	12.500	—	—
	块石		m^3	—	—	—	11.500	11.500

二、浆砌片(块)石

工作内容：选、修、冲洗石料，砌筑，勾缝，湿治养护等。　　　　**计量单位：**10m³

编号				3-5-6	3-5-7	3-5-8	3-5-9
项目				浆砌片石			
				基础、护底	护坡、台阶	护拱	墩、台、墙
名称			单位	消耗量			
人工	合计工日		工日	6.250	10.002	5.594	8.685
	其中	普工	工日	2.500	4.001	2.237	3.474
		一般技工	工日	3.438	5.501	3.077	4.777
		高级技工	工日	0.312	0.500	0.280	0.434
材料	预拌砂浆(干拌)		m^3	3.500	3.790	3.500	3.580
	片石		m^3	11.500	11.500	11.500	11.500
	水		m^3	3.300	17.273	3.300	7.300
机械	履带式起重机 15t		台班	—	—	—	0.236
	干混砂浆罐式搅拌机		台班	0.143	0.155	0.143	0.147

工作内容：选、修、冲洗石料，砌筑，勾缝，湿治养护等。 **计量单位**：$10m^3$

编号				3-5-10	3-5-11	3-5-12	3-5-13	3-5-14
项目				浆砌块石				
				基础、护底	护坡、台阶	护拱	墩、台、墙	拱圈
名称			单位	消耗量				
人工	合计工日		工日	7.069	12.182	6.091	10.453	14.517
	其中	普工	工日	2.828	4.873	2.436	4.181	5.807
		一般技工	工日	3.888	6.700	3.350	5.749	7.984
		高级技工	工日	0.353	0.609	0.305	0.523	0.726
材料	预拌砂浆（干拌）		m^3	2.700	2.870	2.700	2.750	2.810
	块石		m^3	10.500	10.500	10.500	10.500	10.500
	板枋材		m^3	—	—	—	—	0.100
	圆钉		kg	—	—	—	—	1.000
	水		m^3	3.500	17.504	3.500	7.500	14.501
机械	履带式起重机 15t		台班	—	—	—	0.278	0.386
	干混砂浆罐式搅拌机		台班	0.111	0.118	0.111	0.113	0.115

三、浆砌预制块

工作内容:砌筑,勾缝,湿治养护等。　　**计量单位:**10m³

编号				3-5-15	3-5-16	3-5-17	3-5-18	3-5-19
项目				浆砌预制块				
				护坡、台阶	墩、台、墙	栏杆	帽石、缘石	拱圈
名称			单位	消耗量				
人工	合计工日		工日	11.573	10.265	16.356	12.633	10.039
	其中	普工	工日	4.629	4.106	6.542	5.053	4.016
		一般技工	工日	6.365	5.646	8.996	6.948	5.521
		高级技工	工日	0.579	0.513	0.818	0.632	0.502
材料	混凝土预制块(综合)		m^3	(9.200)	(9.200)	(9.200)	(9.200)	(9.200)
	预拌砂浆(干拌)		m^3	1.500	1.390	1.620	1.440	1.370
	板枋材		m^3	—	—	—	—	0.100
	圆钉		kg	—	—	—	—	1.000
	水		m^3	17.700	7.700	22.701	15.700	14.700
机械	干混砂浆罐式搅拌机		台班	0.061	0.057	0.066	0.059	0.056
	履带式起重机 15t		台班	—	0.273	—	—	0.267

四、砖 砌 体

工作内容：砌砖，勾缝，湿治养护等。 **计量单位：**$10m^3$

编号				3-5-20	3-5-21	3-5-22	3-5-23	3-5-24
项目				砖砌体				
				基础、护拱	墩、台、墙	栏杆	帽石、缘石	拱圈
名称			单位	消耗量				
人工	合计工日		工日	6.120	9.147	15.462	8.948	12.043
	其中	普工	工日	2.448	3.658	6.185	3.580	4.817
		一般技工	工日	3.366	5.031	8.504	4.921	6.623
		高级技工	工日	0.306	0.458	0.773	0.447	0.603
材料	标准砖 240×115×53		千块	5.310	5.310	5.310	5.310	5.310
	预拌砂浆（干拌）		m^3	2.400	2.421	2.605	2.490	2.460
	板枋材		m^3	—	—	—	—	0.100
	圆钉		kg	—	—	—	—	1.000
	水		m^3	3.500	7.500	15.500	15.500	22.500
机械	干混砂浆罐式搅拌机		台班	0.098	0.099	0.107	0.102	0.101
	履带式起重机 15t		台班	—	0.243	—	—	0.320

五、滤层、泄水孔

工作内容：整平，填滤料成形，材料运输，泄水孔加工，安装、清理等。

编号				3-5-25	3-5-26	3-5-27
项目				砂滤层	碎石滤层	护岸泄水孔
				m^3		m
名称			单位	消耗量		
人工	合计工日		工日	0.270	0.383	0.311
	其中	普工	工日	0.108	0.153	0.124
		一般技工	工日	0.149	0.211	0.171
		高级技工	工日	0.013	0.019	0.016
材料	砂子（中砂）		t	1.768	—	—
	碎石 50~80		m^3	—	1.122	—
	焊接钢管（综合）		kg	—	—	8.486

第六章　立 交 箱 涵

说　明

一、本章包括透水管，箱涵制作，箱涵顶进，箱涵接缝，箱涵外壁及滑板面处理，气垫安拆及使用，箱涵内挖土，金属顶柱、护套及支架制作等项目。

二、本章适用于穿越城市道路及铁路的立交箱顶进工程及现浇箱涵工程。

三、本章顶进土质按一、二类土考虑，实际土质与项目不同时，由各地区、部门自行制定调整办法。

四、本章中未包括箱涵顶进的后靠背设施等，其费用另行计算。

五、本章中未包括深基坑开挖、支撑及井点降水的工作内容，执行相关项目。

六、立交桥引道的结构及路面铺筑工程，根据施工方法执行相关项目。

七、箱涵顶进项目分空顶、无中继间实土顶和有中继间实土顶，有中继间实土顶适用于一级中继间接力顶进。

八、本章箱涵自重是指箱涵顶进时的总重量，应包括拖带的设备重量（按箱涵重量的5%计），采用中继间接力顶进时还应包括中继间的重量。

工程量计算规则

一、透水管工程量按设计图示以长度计算。

二、箱涵滑板下的肋楞，其工作量并入滑板内计算。

三、箱涵混凝土工程量按设计图示尺寸以体积计算，不扣除单孔面积 $0.3m^2$ 以下的预留孔洞体积。

四、顶柱、中继间护套及挖土支架均属专用周转性金属构件，项目已按摊销量计列，不得重复计算。

五、箱涵顶进工程量计算：

1. 空顶工程量按空顶的单节箱涵重量乘以箱涵位移距离计算。

2. 实土顶工程量按被顶箱涵的重量乘以箱涵位移距离分段累计计算。

六、气垫只考虑在预制箱涵底板上使用，按箱涵底面积计算。气垫的使用天数由施工组织设计确定，但采用气垫后在套用顶进消耗量时乘以系数 0.70。

七、箱涵外壁及滑板面处理按设计图示表面积计算。

八、箱涵石棉水泥嵌缝及嵌防水膏接缝按设计图示尺寸以长度计算，箱涵沥青二度、沥青封口及嵌沥青木丝板接缝按设计图示尺寸以面积计算。

九、箱涵内挖土按设计图示尺寸以体积计算。

一、透 水 管

工作内容：1. 钢透水管：钢管钻孔、涂防锈漆、钢管埋设、碎石充填等。

2. 混凝土透水管：浇捣管道垫层、透水管铺设、接口坞砂浆、填砂等。 **计量单位：**10m

编号				3-6-1	3-6-2	3-6-3	3-6-4	3-6-5
项目				钢透水管		混凝土透水管		
				管径（mm 以内）				
				100	200	300	380	450
名称			单位	消耗量				
人工	合计工日		工日	3.279	5.220	3.876	4.857	5.581
	其中	普工	工日	0.984	1.566	1.163	1.457	1.674
		一般技工	工日	1.967	3.132	2.325	2.914	3.349
		高级技工	工日	0.328	0.522	0.388	0.486	0.558
材料	无缝钢管（综合）		kg	104.650	321.500	—	—	—
	防锈漆		kg	1.830	3.250	—	—	—
	碎石 30~50		m^3	1.680	2.530	—	—	—
	混凝土透水管 $D300$		m	—	—	10.250	—	—
	混凝土透水管 $D380$		m	—	—	—	10.250	—
	混凝土透水管 $D450$		m	—	—	—	—	10.250
	预拌混凝土 C15		m^3	—	—	1.061	1.182	1.444
	圆钢（综合）		t	—	—	0.022	0.022	0.022
	预拌砂浆（干拌）		m^3	—	—	0.052	0.062	0.067
	电		kW·h	—	—	0.876	0.952	1.219
	砂子（中粗砂）		m^3	—	—	1.833	2.400	2.863
机械	立式钻床 50mm		台班	0.922	1.223	—	—	—

二、箱 涵 制 作

工作内容：混凝土浇筑、捣固、抹平、养护，模板制作、安装、涂脱模剂，模板拆除、修理、整堆等。

编号				3-6-6	3-6-7	3-6-8	3-6-9	3-6-10	3-6-11	3-6-12
项目				滑板	底板	滑板底板	侧墙		顶板	
				混凝土		模板	混凝土	模板	混凝土	模板
				$10m^3$		$10m^2$	$10m^3$	$10m^2$	$10m^3$	$10m^2$
名称			单位	消耗量						
人工	合计工日		工日	2.687	2.799	1.692	3.238	1.814	2.946	1.990
	其中	普工	工日	0.806	0.840	0.508	0.971	0.544	0.884	0.597
		一般技工	工日	1.612	1.679	1.015	1.943	1.088	1.767	1.194
		高级技工	工日	0.269	0.280	0.169	0.324	0.182	0.295	0.199
材料	预拌混凝土 C20		m^3	10.100	—	—	—	—	—	—
	预拌混凝土 C30		m^3	—	10.100	—	10.100	—	10.100	—
	无纺土工布		m^2	4.810	1.333	—	0.579	—	1.573	—
	水		m^3	1.980	1.134	—	3.392	—	3.051	—
	组合钢模板		kg	—	—	5.900	—	5.900	—	5.900
	钢支撑		kg	—	—	2.090	—	5.260	—	5.250
	钢模板连接件		kg	—	—	2.350	—	2.350	—	2.350
	板枋材		m^3	—	—	0.016	—	0.016	—	0.016
	圆钉		kg	—	—	0.260	—	0.330	—	0.330
	脱模剂		kg	—	—	1.000	—	1.000	—	1.000
	电		kW·h	4.533	4.229	—	3.657	—	4.686	—
	模板嵌缝料		kg	—	—	0.500	—	0.500	—	0.500
	铁件(综合)		kg	—	—	—	—	2.120	—	—
机械	履带式起重机 15t		台班	—	—	—	—	0.064	—	0.060

三、箱 涵 顶 进

工作内容：安装顶进设备及横梁垫块；操作液压系统；安放顶铁，顶进；设备拆除等。

计量单位：1 000t·m

编　号			3-6-13	3-6-14	3-6-15
项　目			空顶(自重 t 以内)		
			1 000	2 000	3 000
名　称		单位	消　耗　量		
人工	合计工日	工日	12.101	14.319	16.559
	其中 普工	工日	3.630	4.296	4.968
	其中 一般技工	工日	7.261	8.591	9.935
	其中 高级技工	工日	1.210	1.432	1.656
材料	液压控制系统	套	0.021	0.014	0.010
	箱涵顶柱	kg	(275.000)	(268.180)	(360.760)
	千斤顶支架	kg	10.270	8.710	8.080
	板枋材	m^3	0.035	0.035	0.035
机械	履带式起重机 15t	台班	1.292	1.539	1.743
	高压油泵 80MPa	台班	1.185	1.460	1.654
	立式油压千斤顶 200t	台班	9.347	11.528	—
	立式油压千斤顶 300t	台班	—	—	14.390

工作内容: 安装顶进设备及横梁垫块;操作液压系统;安放顶铁,顶进;设备拆除等。

计量单位: 1 000t · m

编号				3-6-16	3-6-17	3-6-18	3-6-19	3-6-20	3-6-21
项目				无中继间实土顶			有中继间实土顶		
				自重(t 以内)					
				1 000	2 000	3 000	1 000	2 000	3 000
名称			单位	消耗量					
人工	合计工日		工日	18.188	22.091	25.959	25.220	29.065	36.972
	其中	普工	工日	5.457	6.627	7.788	7.566	8.720	11.092
		一般技工	工日	10.912	13.255	15.575	15.132	17.439	22.183
		高级技工	工日	1.819	2.209	2.596	2.522	2.906	3.697
材料	液压控制系统		套	0.021	0.014	0.010	0.042	0.028	0.020
	箱涵顶柱		kg	(275.000)	(268.000)	(261.000)	(412.340)	(402.800)	(391.140)
	中继间护套		kg	—	—	—	(50.480)	(33.840)	(28.650)
	千斤顶支架		kg	10.270	8.710	8.080	15.410	13.070	12.120
	板枋材		m^3	0.035	0.035	0.035	0.055	0.055	0.055
机械	履带式起重机 15t		台班	1.920	2.344	2.769	2.438	2.893	3.415
	高压油泵 80MPa		台班	1.309	1.867	2.176	1.813	2.565	2.972
	立式油压千斤顶 200t		台班	15.335	18.897	—	19.318	23.141	5.120
	立式油压千斤顶 300t		台班	—	—	24.344	—	—	24.344

四、箱 涵 接 缝

工作内容：混凝土表面处理，材料调制、涂刷，嵌缝等。

编　号				3-6-22	3-6-23	3-6-24	3-6-25	3-6-26
项　目				接缝				
				石棉水泥嵌缝	嵌防水膏	沥青二度	沥青封口	嵌沥青木丝板
				10m		$10m^2$		
名　称			单位	消　耗　量				
人工	合计工日		工日	0.982	1.814	0.540	7.466	0.326
	其中	普工	工日	0.295	0.544	0.162	2.240	0.098
		一般技工	工日	0.589	1.088	0.324	4.479	0.196
		高级技工	工日	0.098	0.182	0.054	0.747	0.032
材料	石棉绒		kg	32.130	—	—	—	—
	水泥 P·O 42.5		t	0.075	—	—	—	—
	沥青防水油膏		kg	—	79.800	—	—	—
	冷底子油		kg	—	2.050	5.130	—	—
	石油沥青 30#		kg	—	—	194.000	556.000	82.000
	木柴		kg	—	—	80.000	54.000	8.000
	煤		kg	—	—	—	54.000	8.000
	木丝板 δ25		m^2	—	—	—	—	10.200

五、箱涵外壁及滑板面处理

工作内容：1. 外壁面处理：外壁面清洗；熬制沥青，配料；墙面涂刷等。
2. 滑板面处理：石蜡加热，涂刷，铺塑料薄膜层等。 **计量单位**：$100m^2$

编号				3-6-27	3-6-28	3-6-29	3-6-30
项目				箱涵外壁		滑板面层	
				防水砂浆	沥青层	石蜡层	塑料薄膜层
名称			单位	消耗量			
人工	合计工日		工日	12.429	2.702	6.826	9.493
	其中	普工	工日	3.729	0.811	2.048	2.848
		一般技工	工日	7.457	1.621	4.095	5.695
		高级技工	工日	1.243	0.270	0.683	0.950
材料	预拌砂浆（干拌）		m^3	2.050	—	—	—
	防水剂		kg	58.600	—	—	—
	水		m^3	10.000	10.000	—	—
	石油沥青 30#		kg	—	376.000	—	—
	煤		kg	—	37.000	4.000	—
	木柴		kg	—	3.700	0.530	—
	石蜡		kg	—	—	36.810	—
	塑料薄膜		m^2	—	—	—	102.000
机械	干混砂浆罐式搅拌机		台班	0.084	—	—	—

六、气垫安拆及使用

工作内容： 设备及管路安装、拆除，气垫启动及使用等。

编　号				3-6-31	3-6-32
项　目				安拆	使用
				$100m^2$	$100m^2 \cdot d$
名　称			单位	消　耗　量	
人工	合计工日		工日	26.741	2.276
	其中	普工	工日	8.022	0.683
		一般技工	工日	16.045	1.365
		高级技工	工日	2.674	0.228
材料	焊接钢管（综合）		t	0.087	—
	螺纹截止阀 J11T-16 *DN*50		个	0.100	—
	法兰截止阀 J41T-16 *DN*80		个	4.540	—
	热轧薄钢板（综合）		kg	23.000	—
	氧气		m^3	1.490	—
	乙炔气		kg	0.573	—
	低合金钢焊条 E43 系列		kg	18.920	—
	防锈漆		kg	8.623	—
	铁件（综合）		kg	1.010	—
机械	履带式起重机 15t		台班	0.358	—
	交流弧焊机 32kV·A		台班	1.210	—
	内燃空气压缩机 $9m^3/min$		台班	—	1.440
	内燃空气压缩机 $12m^3/min$		台班	—	1.440
	储气包 $4m^3$		台班	—	1.440
	电焊条烘干箱 45×35×45（cm^3）		台班	0.121	—

七、箱涵内挖土

工作内容：1. 人工挖土：安拆挖土支架；铺钢轨，挖土，运土；吊土出坑、堆放、清理等。

2. 机械挖土：机械挖土，人工配合修底边；吊土出坑、堆放、清理等。

计量单位：100m^3

编　号				3-6-33	3-6-34	3-6-35
项　目				人工挖土		机械挖土
				人运机吊	机运机吊	
名　称			单位	消　耗　量		
人工	合计工日		工日	76.063	69.934	23.463
	其中	普工	工日	22.819	20.980	7.039
		一般技工	工日	45.638	41.961	14.078
		高级技工	工日	7.606	6.993	2.346
材料	挖土支架		kg	（15.490）	（15.490）	—
	板枋材		m^3	0.025	0.025	—
	氧气		m^3	0.271	0.271	—
	乙炔气		kg	0.104	0.104	—
	低合金钢焊条 E43 系列		kg	1.910	1.910	—
	钢轨		kg	—	27.000	27.000
	铁件（综合）		kg	—	5.000	5.000
机械	汽车式起重机 8t		台班	6.580	6.580	1.970
	交流弧焊机 32kV·A		台班	0.170	0.170	—
	电动单筒慢速卷扬机 50kN		台班	—	6.580	1.970
	履带式单斗液压挖掘机 0.8m^3		台班	—	—	1.970
	电焊条烘干箱 45×35×45（cm^3）		台班	0.017	0.017	—

八、金属顶柱、护套及支架制作

工作内容：选料，划线，切割；焊接，矫正；油漆，堆放等。　　　　**计量单位：**t

编号				3-6-36	3-6-37	3-6-38
项目				箱涵顶柱	中继间护套	挖土支架
名称			单位	消耗量		
人工	合计工日		工日	13.333	18.963	18.273
	其中	普工	工日	4.000	5.689	5.482
		一般技工	工日	7.999	11.378	10.964
		高级技工	工日	1.334	1.896	1.827
材料	中厚钢板 δ15 以内		kg	1 060.000	1 060.000	1 060.000
	低合金钢焊条 E43 系列		kg	38.600	49.600	48.680
	氧气		m^3	7.720	12.870	7.780
	乙炔气		kg	2.969	4.950	2.992
	防锈漆		kg	4.820	9.330	43.050
机械	履带式起重机 15t		台班	0.984	1.153	0.063
	交流弧焊机 32kV·A		台班	1.952	4.711	5.337
	摇臂钻床 63mm		台班	0.034	0.491	—
	电焊条烘干箱 45×35×45（cm^3）		台班	0.195	0.471	0.534

第七章　钢　结　构

说　　明

一、本章包括钢梁安装、钢管拱安装、钢立柱安装、钢梯道安装及钢桁梁安装等项目。

二、本章适用于工厂制作，现场吊装及钢箱梁顶推安装的钢结构。构件由制作工厂至安装现场的运输费用计入构件价格内。

三、本章的钢桁梁桥是按高强螺栓栓接编制的，如采用其他方法施工，应另行计算。

四、本章钢结构防腐、涂装、防火涂料等按《房屋建筑与装饰工程消耗量》TY 01-31-2021 相应项目计算。

工程量计算规则

一、钢结构工程量按设计图示尺寸以主材质量（不包括焊条、铆钉、螺栓等）计算。

二、钢梁质量为钢梁（含横隔板）、桥面板、横肋、横梁及锚筋质量之和。

三、钢拱筋的工程量包括拱肋钢管、横撑、腹板、拱脚处外侧钢板、拱脚接头钢板及各种加劲块。

四、钢立柱上的节点板、加强环、内衬管、牛腿等并入钢立柱工程量内。

五、高强螺栓用量，如设计含量不同时可以相应调整。

一、钢 梁 安 装

工作内容：就位、安装等。　　　　**计量单位：**t

编　号				3-7-1	3-7-2	3-7-3	3-7-4
项　目				人行天桥		立交桥	顶推安装钢箱梁
				钢主梁	钢盖梁	钢箱梁	
名　称			单位	消　耗　量			
人工	合计工日		工日	2.029	3.541	2.029	1.300
	其中	普工	工日	0.406	0.708	0.406	0.260
		一般技工	工日	1.217	2.125	1.217	0.780
		高级技工	工日	0.406	0.708	0.406	0.260
材料	钢梁		t	(1.000)	(1.000)	(1.000)	(1.000)
	钢筋 ϕ10 以外		kg	11.400	—	—	—
	型钢(综合)		kg	8.600	—	—	1.300
	铁件(综合)		kg	2.797	—	1.650	3.900
	低合金钢焊条 E43 系列		kg	3.300	1.502	4.110	0.100
	不锈钢滑板		kg	—	—	—	0.350
	聚四氟乙烯滑板		kg	—	—	—	0.350
	高强螺栓		套	1.140	—	12.260	—
	乙炔气		kg	16.154	7.950	14.038	—
	氧气		m^3	42.000	20.670	36.500	—
	砂轮片		片	10.000	—	10.000	—
	其他材料费		%	1.50	1.50	1.50	1.50
机械	电动空气压缩机 $1m^3/min$		台班	—	—	0.105	—
	汽车式起重机 20t		台班	—	0.120	—	—
	汽车式起重机 80t		台班	0.040	—	—	—
	汽车式起重机 160t		台班	—	—	0.010	—
	交流弧焊机 32kV·A		台班	0.940	0.430	1.170	—
	交流弧焊机 50kV·A		台班	—	—	—	0.016
	电焊条烘干箱 $45\times35\times45(cm^3)$		台班	0.094	0.043	0.117	—
	电动单筒慢速卷扬机 30kN		台班	—	—	—	0.039
	箱涵顶进设备 1 000t 以内		台班	—	—	—	0.325

二、钢管拱安装

工作内容：1. 拱肋安装：起吊，调整扣索应力，横撑定位焊接，拱肋合拢，调整线型等。

2. 系杆吊索：穿系杆钢绞线，安装油泵及千斤顶，安装锚具、张拉、锚固、检查等。 **计量单位：**t

编 号				3-7-5	3-7-6	3-7-7
项 目				拱肋安装	系杆	吊索
名 称			单位	消 耗 量		
人工	合计工日		工日	7.553	8.860	21.610
	其中	普工	工日	1.511	1.772	4.322
		一般技工	工日	4.531	5.316	12.966
		高级技工	工日	1.511	1.772	4.322
材料	钢板（综合）		t	0.008	0.203	0.026
	钢管拱肋		t	（1.000）	—	—
	系杆		t	—	（1.000）	—
	吊索		t	—	—	（1.000）
	板枋材		m^3	0.004	—	—
	钢筋（综合）		t	0.002	—	0.001
	型钢（综合）		t	0.013	0.001	—
	钢丝绳		kg	1.000	1.000	1.000
	低合金钢焊条 E43 系列		kg	4.220	1.500	4.200
	高强螺栓		kg	0.520	—	—
	钢拉杆		kg	—	1.000	—
	圆钢（综合）		t	—	0.004	—
	其他材料费		%	2.00	1.00	2.00
机械	预应力钢筋拉伸机 3 000kN		台班	1.207	0.189	3.134
	电动单筒慢速卷扬机 50kN		台班	0.084	—	1.279
	电动单筒慢速卷扬机 100kN		台班	0.339	0.166	—
	汽车式起重机 20t		台班	—	0.055	—
	交流弧焊机 32kV·A		台班	1.210	0.425	1.208
	电焊条烘干箱 45×35×45（cm^3）		台班	0.121	0.042	0.121

三、钢立柱安装

工作内容：就位、安装等。　　　　　　　　　　　　**计量单位：**t

编　　号				3-7-8
项　　目				钢立柱
名　　称			单位	消　耗　量
人工	合计工日		工日	3.275
	其中	普工	工日	0.655
		一般技工	工日	1.965
		高级技工	工日	0.655
材料	钢立柱		t	(1.000)
	板枋材		m^3	0.024
	铆钉(综合)		kg	0.124
	低合金钢焊条 E43 系列		kg	2.030
	乙炔气		kg	8.423
	氧气		m^3	21.900
	其他材料费		%	1.50
机械	汽车式起重机 20t		台班	0.120
	交流弧焊机 32kV·A		台班	0.580
	电焊条烘干箱 45×35×45(cm^3)		台班	0.058

四、钢梯道安装

工作内容：构件加固、吊装校正、拧紧螺栓、电焊固定、翻身就位。 **计量单位：**t

编号				3-7-9
项目				钢梯道安装
名称			单位	消耗量
人工	合计工日		工日	5.783
	其中	普工	工日	1.157
		一般技工	工日	3.469
		高级技工	工日	1.157
材料	镀锌铁丝 ϕ2.5~4.0		kg	0.384
	麻袋		个	0.096
	麻绳		kg	0.048
	低合金钢焊条 E43 系列		kg	1.536
	垫铁		kg	0.240
	松杂原木（综合）		m^3	0.008
	松杂板枋材		m^3	0.005
	氧气		m^3	0.800
	乙炔气		kg	0.308
	其他材料费		%	1.50
机械	汽车式起重机 20t		台班	0.067
	直流弧焊机 10kV·A		台班	0.240

五、钢桁梁安装

工作内容：组装钢桁，紧固高强螺栓。　　**计量单位：**t

编　号				3-7-10	3-7-11
项　目				钢桁梁安装	
				上承式	下承式
名　称			单位	消　耗　量	
人工	合计工日		工日	7.895	6.878
	其中	普工	工日	1.579	1.376
		一般技工	工日	4.737	4.127
		高级技工	工日	1.579	1.376
材料	钢桁架		t	1.000	1.000
	热轧圆盘条（综合）		kg	0.380	0.380
	高强螺栓		kg	53.390	31.990
	铁件（综合）		kg	1.010	1.010
	松杂板枋材		m^3	0.003	0.003
	其他材料费		%	1.50	1.50
机械	汽车式起重机 20t		台班	0.200	0.200
	内燃空气压缩机 $9m^3/min$		台班	0.142	0.085

第八章　其　　他

说　　明

一、本章包括金属栏杆、支座、桥梁伸缩装置、沉降缝、隔声屏障、泄水孔和排水管、桥面防水层、防眩板安装等项目。

二、金属栏杆项目主材品种、规格与设计不符时可以换算，栏杆面漆按《房屋建筑与装饰工程消耗量》TY 01-31-2021 相应项目计算。

三、与四氟板式橡胶支座配套的上下钢板、不锈钢板、锚固螺栓等费用摊入支座价格中计列。

四、梳型钢板、钢板、橡胶板及毛勒伸缩缝均按成品考虑。

五、安装排水管项目已包括集水斗安装工作内容，但集水斗的材料费需按实另行计算。

六、盆式支座项目已综合考虑钢板含量。

七、除球形支座外，支座安装未考虑环氧树脂，如设计有需要时，其费用另行计算。

八、桥面防水层聚氨酯防水涂料是按 1.5mm 编制的，如厚度与设计不同时，材料用量可按设计要求换算，但人工及其他不变。

工程量计算规则

一、金属栏杆工程量按设计图示的主材质量计算。

二、板式橡胶支座及四氟板式橡胶支座按设计图示尺寸以体积计算,辊轴钢支座、切线支座及摆式支座按设计图示以质量计算,盆式金属橡胶组合支座及球形支座按设计图示以个数计算。

三、梳型钢板、钢板、橡胶板、毛勒及镀锌铁皮玛琋脂桥梁伸缩装置按设计图示尺寸以长度计算,沥青麻丝桥梁伸缩装置按设计图示尺寸以面积计算。

四、油毡、沥青甘蔗板及发泡聚乙烯沉降缝按设计图示尺寸以面积计算,橡胶止水带及钢板止水带沉降缝按设计图示尺寸以长度计算。

五、隔声屏障钢骨架按设计图示以质量计算,隔声屏障隔声屏障板材按设计图示尺寸以面积计算。

六、泄水孔和排水管按设计图示尺寸以长度计算。

七、桥面防水层按设计图示尺寸以面积计算。

八、防眩板安装按设计图示的安装路线以长度计算。

一、金属栏杆

工作内容：切割、挖孔，安装、焊接，刷防锈底漆二度等。　　　　**计量单位：**t

编号				3-8-1	3-8-2	3-8-3
项目				钢管栏杆	不锈钢栏杆	防撞护栏钢管扶手
名称			单位	消耗量		
人工	合计工日		工日	19.200	41.536	14.186
	其中	普工	工日	5.760	12.461	4.256
		一般技工	工日	11.520	24.922	8.512
		高级技工	工日	1.920	4.153	1.418
材料	不锈钢管		t	—	1.060	—
	氩气		m^3	—	27.330	—
	钨棒		kg	—	4.039	—
	焊接钢管（综合）		t	0.954	—	0.848
	中厚钢板　δ15 以内		kg	74.200	—	212.000
	钢筋　φ10 以外		kg	31.803	—	—
	氧气		m^3	5.750	—	—
	乙炔气		kg	2.212	—	—
	低合金钢焊条　E43 系列		kg	19.263	—	11.100
	环氧富锌底漆		kg	10.180	—	10.180
	不锈钢焊丝		kg	—	9.727	—
	环氧富锌底漆稀释剂		kg	0.507	—	0.507
机械	氩弧焊机　500A		台班	—	3.724	—
	管子切断机　150mm		台班	—	8.519	—
	交流弧焊机　32kV·A		台班	3.400	—	1.959
	电焊条烘干箱　45×35×45（cm^3）		台班	0.340	—	0.196

二、支　　座

工作内容：安装、定位固定等。

编　　号				3-8-4	3-8-5	3-8-6	3-8-7	3-8-8
项　　目				板式橡胶支座	四氟板式橡胶支座	辊轴钢支座	切线支座	摆式支座
				100cm³		t		
名　　称			单位	消　耗　量				
人工	合计工日		工日	0.008	0.017	12.370	30.434	25.380
	其中	普工	工日	0.002	0.005	3.711	9.130	7.614
		一般技工	工日	0.005	0.010	7.422	18.260	15.228
		高级技工	工日	0.001	0.002	1.237	3.044	2.538
材料	板式橡胶支座		cm^3	(100.000)	—	—	—	—
	四氟板式橡胶支座		cm^3	—	(100.000)	—	—	—
	辊轴钢支座		t	—	—	(1.000)	—	—
	切线钢支座		t	—	—	—	(1.000)	—
	摆式支座		t	—	—	—	—	(1.000)
	低合金钢焊条 E43 系列		kg	—	—	0.600	35.900	18.700
	铁件（综合）		kg	—	—	13.200	—	—
	钢筋 ϕ10 以外		kg	—	—	37.000	207.000	132.000
	型钢（综合）		kg	—	—	60.000	—	—
机械	交流弧焊机 32kV·A		台班	—	—	0.190	11.480	5.870
	电焊条烘干箱 45×35×45（cm^3）		台班	—	—	0.019	1.148	0.587

工作内容：安装、定位固定等。　　**计量单位：**个

编　号				3-8-9	3-8-10	3-8-11	3-8-12	3-8-13	3-8-14
项　目				盆式金属橡胶组合支座（kN 以内）					
				3 000	4 000	5 000	7 000	10 000	15 000
名　称			单位	消　耗　量					
人工	合计工日		工日	3.713	5.619	8.914	13.341	21.118	34.770
	其中	普工	工日	1.114	1.686	2.674	4.002	6.335	10.431
		一般技工	工日	2.228	3.371	5.349	8.005	12.671	20.862
		高级技工	工日	0.371	0.562	0.891	1.334	2.112	3.477
材料	钢盆式橡胶支座支座反力≤ 3 000kN		个	(1.000)	—	—	—	—	—
	钢盆式橡胶支座支座反力≤ 4 000kN		个	—	(1.000)	—	—	—	—
	钢盆式橡胶支座支座反力≤ 5 000kN		个	—	—	(1.000)	—	—	—
	钢盆式橡胶支座支座反力≤ 7 000kN		个	—	—	—	(1.000)	—	—
	钢盆式橡胶支座支座反力≤ 10 000kN		个	—	—	—	—	(1.000)	—
	钢盆式橡胶支座支座反力≤ 15 000kN		个	—	—	—	—	—	(1.000)
	中厚钢板　δ15 以内		kg	77.000	100.000	124.000	170.000	239.000	369.000
	低合金钢焊条　E43 系列		kg	1.800	1.900	2.100	2.300	2.600	3.000
	其他材料费		%	2.00	2.00	2.00	2.00	2.00	2.00
机械	汽车式起重机　30t		台班	—	—	—	—	0.260	0.260
	交流弧焊机　32kV·A		台班	0.330	0.350	0.370	0.400	0.430	0.500
	汽车式起重机　20t		台班	0.140	0.150	0.160	0.170	0.050	0.070
	电焊条烘干箱　45×35×45（cm^3）		台班	0.033	0.035	0.037	0.040	0.043	0.050

工作内容：预埋钢板、钢筋的制作、预埋、电焊，支座电焊，支座安装。 **计量单位：**个

编号				3-8-15	3-8-16	3-8-17
项目				球形支座（kN）		
				2 000	3 000	4 000
名称			单位	消耗量		
人工	合计工日		工日	1.000	1.100	1.200
	其中	普工	工日	0.300	0.330	0.360
		一般技工	工日	0.600	0.660	0.720
		高级技工	工日	0.100	0.110	0.120
材料	钢板（综合）		kg	48.200	70.200	87.200
	低合金钢焊条 E43 系列		kg	0.800	1.000	1.000
	环氧树脂		kg	2.800	3.600	4.100
	砂子（中粗砂）		m^3	0.010	0.020	0.020
	水泥 P·O 42.5		t	0.010	0.020	0.020
	球形支座 2 000kN		个	（1.000）	—	—
	球形支座 3 000kN		个	—	（1.000）	—
	球形支座 4 000kN		个	—	—	（1.000）
	其他材料费		%	1.50	1.50	1.50
机械	汽车式起重机 20t		台班	0.140	0.140	0.150
	电动单筒慢速卷扬机 30kN		台班	0.200	0.230	0.260

工作内容：预埋钢板、钢筋的制作、预埋、电焊，支座电焊，支座安装。　　**计量单位：**个

编　号				3-8-18	3-8-19	3-8-20
项　目				球形支座（kN）		
				5 000	6 000	7 000
名　称			单位	消　耗　量		
人工	合计工日		工日	1.300	1.300	1.400
	其中	普工	工日	0.390	0.390	0.420
		一般技工	工日	0.780	0.780	0.840
		高级技工	工日	0.130	0.130	0.140
材料	钢板（综合）		kg	106.000	126.600	149.000
	低合金钢焊条 E43 系列		kg	1.200	1.300	1.400
	环氧树脂		kg	5.200	5.600	6.200
	砂子（中粗砂）		m^3	0.020	0.030	0.030
	水泥 P·O 42.5		t	0.020	0.031	0.031
	球形支座 5 000kN		个	（1.000）	—	—
	球形支座 6 000kN		个	—	（1.000）	—
	球形支座 7 000kN		个	—	—	（1.000）
	其他材料费		%	1.50	1.50	1.50
机械	汽车式起重机 20t		台班	0.150	0.150	0.150
	电动单筒慢速卷扬机 30kN		台班	0.290	0.310	0.340

工作内容：预埋钢板、钢筋的制作、预埋、电焊，支座电焊，支座安装。 **计量单位：**个

编号				3-8-21	3-8-22	3-8-23
项目				球形支座（kN）		
				8 000	9 000	10 000
名称			单位	消耗量		
人工	合计工日		工日	1.500	1.600	1.600
	其中	普工	工日	0.450	0.480	0.480
		一般技工	工日	0.900	0.960	0.960
		高级技工	工日	0.150	0.160	0.160
材料	钢板（综合）		kg	165.000	186.200	204.000
	低合金钢焊条 E43 系列		kg	1.500	1.600	1.600
	环氧树脂		kg	7.300	8.200	40.000
	砂子（中粗砂）		m^3	0.030	0.040	0.040
	水泥 P·O 42.5		t	0.031	0.041	0.040
	球形支座 8 000kN		个	（1.000）	—	—
	球形支座 9 000kN		个	—	（1.000）	—
	球形支座 10 000kN		个	—	—	（1.000）
	其他材料费		%	1.50	1.50	1.50
机械	汽车式起重机 20t		台班	0.160	0.160	0.250
	电动单筒慢速卷扬机 30kN		台班	0.370	0.380	0.410

工作内容：预埋钢板、钢筋的制作、预埋、电焊，支座电焊，支座安装。 **计量单位：**个

编号				3-8-24	3-8-25	3-8-26	3-8-27
项目				球形支座（kN）			
				12 500	15 000	17 500	20 000
名称			单位	消耗量			
人工	合计工日		工日	1.700	1.800	2.100	2.200
	其中	普工	工日	0.510	0.540	0.630	0.660
		一般技工	工日	1.020	1.080	1.260	1.320
		高级技工	工日	0.170	0.180	0.210	0.220
材料	钢板（综合）		kg	262.400	308.200	351.600	388.500
	低合金钢焊条 E43 系列		kg	1.900	2.000	2.100	2.300
	环氧树脂		kg	48.700	52.800	63.800	71.300
	砂子（中粗砂）		m^3	0.050	0.060	0.070	0.080
	水泥 P·O 42.5		t	0.050	0.060	0.070	0.080
	球形支座 12 500kN		个	（1.000）	—	—	—
	球形支座 15 000kN		个	—	（1.000）	—	—
	球形支座 17 500kN		个	—	—	（1.000）	—
	球形支座 20 000kN		个	—	—	—	（1.000）
	其他材料费		%	1.50	1.50	1.50	1.50
机械	汽车式起重机 20t		台班	0.250	0.250	0.250	0.250
	电动单筒慢速卷扬机 30kN		台班	0.450	0.500	0.530	0.550

三、桥梁伸缩装置

工作内容：焊接，安装，切割临时接头，熬、涂、拌沥青及油浸，沥青玛琋脂嵌缝，铁皮加工，固定等。

编号			3-8-28	3-8-29	3-8-30	3-8-31	3-8-32	3-8-33
项目			梳型钢板	钢板	橡胶板	毛勒	镀锌铁皮玛琋脂	沥青麻丝
			10m					$10m^2$
名称		单位	消耗量					
人工	合计工日	工日	6.499	4.800	6.506	3.587	2.763	3.736
人工	其中 普工	工日	1.950	1.440	1.952	1.076	0.829	1.121
人工	其中 一般技工	工日	3.899	2.880	3.903	2.152	1.658	2.241
人工	其中 高级技工	工日	0.650	0.480	0.651	0.359	0.276	0.374
材料	梳型钢板伸缩缝	m	(10.000)	—	—	—	—	—
材料	钢板伸缩缝	m	—	(10.000)	—	—	—	—
材料	橡胶板伸缩缝	m	—	—	(10.000)	—	—	—
材料	毛勒伸缩缝	m	—	—	—	(10.000)	—	—
材料	沥青砂	t	0.047	—	—	—	—	—
材料	石油沥青玛琋脂	kg	—	—	—	—	92.400	—
材料	石油沥青 30#	kg	50.000	—	—	—	—	320.000
材料	圆钢（综合）	t	0.007	0.005	0.002	—	—	—
材料	环氧树脂	kg	—	—	0.500	—	—	—
材料	镀锌薄钢板 δ0.34	m^2	—	—	—	—	5.000	—
材料	油麻丝	kg	—	—	—	—	—	300.000
材料	低合金钢焊条 E43 系列	kg	24.160	23.040	10.380	7.616	—	—
机械	交流弧焊机 32kV·A	台班	3.003	2.665	1.310	0.676	—	—
机械	汽车式起重机 8t	台班	—	—	—	0.533	—	—
机械	电焊条烘干箱 45×35×45（cm^3）	台班	0.300	0.280	0.131	0.068	—	—

四、沉　降　缝

工作内容：1. 沉降缝：截、铺油毡或甘蔗板，熬、涂沥青，安装、修整等。
2. 止水带：清理基层，刷底胶，粘贴止水带；裁剪止水带，焊接铺设。

编　号				3-8-34	3-8-35	3-8-36	3-8-37	3-8-38	3-8-39
项　目				油毡		沥青甘蔗板	发泡聚乙烯	橡胶止水带	钢板止水带
				一毡	一油				
				10m^2				10m	
名　称			单位	消　耗　量					
人工	合计工日		工日	0.027	0.247	0.347	0.347	1.878	1.241
	其中	普工	工日	0.008	0.074	0.104	0.104	0.563	0.372
		一般技工	工日	0.017	0.148	0.208	0.208	1.127	0.745
		高级技工	工日	0.002	0.025	0.035	0.035	0.188	0.124
材料	甘蔗板		m^2	—	—	10.200	—	—	—
	木丝板		m^2	—	—	—	—	3.825	—
	石油沥青		kg	—	21.008	96.001	—	0.030	—
	石油沥青油毡 350#		m^2	10.200	—	—	—	—	—
	低密度聚乙烯泡沫塑料 δ10		m^2	—	—	—	10.500	—	—
	橡胶止水带		m	—	—	—	—	10.500	—
	止水钢板（成品）3×400mm		m	—	—	—	—	—	10.500
	低合金钢焊条 E4303 ϕ3.2		kg	—	—	—	—	—	2.072
	汽油（综合）		kg	—	—	—	—	4.745	—
	胶粘剂		kg	—	—	—	—	0.050	—
	其他材料费		%	—	2.00	1.00	—	0.50	0.50
机械	交流弧焊机 32kV·A		台班	—	—	—	—	—	0.070

五、隔 声 屏 障

工作内容：1. 安装骨架。
2. 安装隔声屏障板材等。

编号			3-8-40	3-8-41
项目			隔声屏障	
			钢骨架	隔声屏障板材
			t	$10m^2$
名称		单位	消耗量	
人工	合计工日	工日	8.508	1.826
	其中 普工	工日	2.552	0.548
	其中 一般技工	工日	5.105	1.095
	其中 高级技工	工日	0.851	0.183
材料	型钢(综合)	t	1.000	—
	铝材	kg	62.170	—
	六角螺栓	kg	9.800	—
	卡普龙板	m^2	—	10.500
	氧气	m^3	1.200	—
	乙炔气	kg	0.462	—
	低合金钢焊条 E43 系列	kg	38.750	—
	抽芯铆钉 $\phi4\times13$	百个	10.973	—
机械	载重汽车 8t	台班	1.770	0.059
	汽车式起重机 8t	台班	1.075	—
	交流弧焊机 32kV·A	台班	2.150	—
	电焊条烘干箱 $45\times35\times45(cm^3)$	台班	0.215	—

六、泄水孔和排水管

工作内容：1. 泄水孔：清孔、熬、涂沥青、绑扎，安装等。

2. 排水管：划线、截料，打眼钻孔，安装管箍、集水斗、PVC 管、接口涂胶等。 **计量单位：**10m

编号				3-8-42	3-8-43	3-8-44	3-8-45
项目				泄水孔			高架桥排水管
				钢管	铸铁管	塑料管	
名称			单位	消耗量			
人工	合计工日		工日	0.650	0.747	0.490	1.182
	其中	普工	工日	0.195	0.224	0.147	0.354
		一般技工	工日	0.390	0.448	0.294	0.710
		高级技工	工日	0.065	0.075	0.049	0.118
材料	铸铁管 *DN*150		m	—	10.200	—	—
	焊接钢管 *DN*150		m	10.200	—	—	—
	石油沥青 30#		kg	37.068	37.068	—	—
	PVC 塑料管 ϕ150		m	—	—	10.200	10.200
	膨胀螺栓 M12		10 套	—	—	—	2.400
	接头管箍		个	—	—	—	11.000
	PVC 管弯头 ϕ150		个	—	—	—	5.400
	PVC 管缩节 ϕ150		只	—	—	—	3.100
	PVC 胶水		kg	—	—	—	0.080
机械	平台作业升降车 9m		台班	—	—	—	0.500

七、桥面防水层

工作内容： 清理面层；热、涂沥青，铺油毡或玻璃布，防水砂浆抹平；涂粘接剂；橡胶裁剪，铺设等。

计量单位： 100m²

编号				3-8-46	3-8-47	3-8-48	3-8-49	3-8-50
项目				一涂沥青	一层油毡	防水砂浆 2cm	防水橡胶板 2mm	聚氨酯防水涂料 1.5mm
名称			单位	消耗量				
人工	合计工日		工日	3.131	0.220	5.485	2.160	5.639
	其中	普工	工日	0.940	0.066	1.645	0.648	1.692
		一般技工	工日	1.878	0.132	3.291	1.296	3.383
		高级技工	工日	0.313	0.022	0.549	0.216	0.564
材料	石油沥青		kg	210.000	—	—	—	—
	煤		kg	43.000	—	—	—	—
	木柴		kg	10.500	—	—	—	—
	石油沥青油毡 400g		m²	—	112.200	—	—	—
	预拌地面砂浆（干拌）DS M15		m³	—	—	2.500	—	—
	防水剂		kg	—	—	41.410	—	—
	橡胶板 δ2		m²	—	—	—	102.000	—
	氯丁橡胶粘接剂		kg	—	—	—	120.000	—
	聚氨酯防水涂料		kg	—	—	—	—	257.500
机械	柏油喷布器		台班	—	—	—	—	0.300
	干混砂浆罐式搅拌机		台班	—	—	0.084	—	—

工作内容：清扫工作面，机械吊装就位，抛丸，回收钢砂，找补；钢桥面喷砂除锈、清理基面等。

计量单位：$100m^2$

编号				3-8-51	3-8-52
项目				桥面处理	
				水泥混凝土桥面抛丸处理	钢桥面抛丸
名称			单位	消耗量	
人工	合计工日		工日	2.960	2.512
	其中	普工	工日	0.888	0.754
		一般技工	工日	1.776	1.507
		高级技工	工日	0.296	0.251
材料	钢制磨料		kg	8.000	65.000
	水		m^3	—	2.000
	其他材料费		%	1.50	1.50
机械	载货汽车 4t		台班	0.200	—
	汽车式起重机 8t		台班	0.130	—
	抛丸除锈机 1 000mm		台班	0.180	0.280
	离心通风机 3 200m^3/min		台班	—	0.140

八、防眩板安装

工作内容：安装、清理场地等。

计量单位：m

编号				3-8-53
项目				防眩板
				安装防眩板
名称			单位	消耗量
人工	合计工日		工日	0.090
	其中	普工	工日	0.027
		一般技工	工日	0.054
		高级技工	工日	0.009
材料	防眩板（塑料）高 60cm		片	3.300
	其他材料费		%	2.00

主编单位：湖北省建设工程标准定额管理总站
专业主编单位：广东省建设工程标准定额站
参编单位：新誉时代工程咨询有限公司
计价依据编制审查委员会综合协商组：胡传海　王海宏　吴佐民　王中和　董士波　冯志祥　褚得成　刘中强　龚桂林　薛长立　杨廷珍　汪亚峰　蒋玉翠　汪一江
计价依据编制审查委员会专业咨询组：杨廷珍　汪一江　潘卓强　杜浐阳　庞宗琨　王　梅　高雄映
编制人员：卢立明　薛　瑞　李绪泽　张　河　杨洪亮　沈素瑶　郑鹏杰　胡春红　王　敏　王豫婉　徐梦熊　王书鹏
审查专家：龚桂林　汪亚峰　王兆健　孙　璐　徐佩莹　熊淑芳　徐作民
软件支持单位：成都鹏业软件股份有限公司
软件操作人员：杜　彬　赖勇军　可　伟　孟　涛